新 视 界 文 库
NEW HORIZON LIBRARY

THE UNIVERSE
INSIDE YOU

THE EXTREME SCIENCE OF THE HUMAN BODY FROM QUANTUM PHYSICS TO THE MYSTERIES OF THE HUMAN BRAIN

一生万物

透过身体看宇宙万象

[英] 布莱恩·克莱格 著
王梦秦 译

世界图书出版公司
北京·广州·上海·西安

图书在版编目（CIP）数据

一生万物：透过身体看宇宙万象 /（英）布莱恩·克莱格（Brian Clegg）著；王梦秦译. —北京：世界图书出版有限公司北京分公司，2023.9（2025.7重印）
ISBN 978-7-5192-9455-7

Ⅰ.①一… Ⅱ.①布…②王… Ⅲ.①科学知识—普及读物 Ⅳ.①Z228

中国版本图书馆 CIP 数据核字（2022）第 032816 号

THE UNIVERSE INSIDE YOU: THE EXTREME SCIENCE OF THE HUMAN BODY FROM QUANTUM PHYSICS TO THE MYSTERIES OF THE HUMAN BRAIN BY BRIAN CLEGG
Copyright © 2013 by BRIAN CLEGG
This edition is arranged with THE MARSH AGENCY LTD. & Icon Books Ltd.
Through BIG APPLE AGENCY, INC., LABUAN, MALAYSIA.
Simplified Chinese edition copyright:
2023 by Beijing World Publishing Corporation, Ltd.
All rights reserved.

书　　名	一生万物：透过身体看宇宙万象 YI SHENG WANWU
著　　者	［英］布莱恩·克莱格
译　　者	王梦秦
责任编辑	夏　丹
出版发行	世界图书出版有限公司北京分公司
地　　址	北京市东城区朝内大街 137 号
邮　　编	100010
电　　话	010-64038355（发行）　64033507（总编室）
网　　址	http://www.wpcbj.com.cn
邮　　箱	wpcbjst@vip.163.com
销　　售	新华书店
印　　刷	中煤（北京）印务有限公司
开　　本	880mm×1230mm　1/32
印　　张	8.25
字　　数	202 千字
版　　次	2023 年 9 月第 1 版
印　　次	2025 年 7 月第 4 次印刷
版权登记	01-2019-5775
国际书号	ISBN 978-7-5192-9455-7
定　　价	49.00 元

版权所有　翻印必究
（如发现印装质量问题，请与本公司联系调换）

目录
CONTENTS

前言　　　　　　　　　　　　　　　　　　　　　001

第一章　镜中的你　　　　　　　　　　　　　003

　　镜中影

第二章　一缕青丝　　　　　　　　　　　　　007

天选之"色" / 染发使我美丽 / "脱毛"的烦恼 / "失发"结盟 / 太空迷途 / "虱"量法 / 表皮之下 / 这是啥做的？ / 会"打人"的分子 / 中空的原子及电磁理论 / 原子内部究竟如何 / 迷你太阳系？非也 / 量子跃迁 / 夸克的魅力 / 混乱的标准模型 / 是固，是液，还是气？ / 物质的第四种状态 / 凝聚态初探 / 深入物质世界 / 吃什么，补什么 / 地球诞生前夜 / 一粒尘埃

第三章　细胞秘辛　　　　　　　　　　　　　042

脏话的镇痛功效 / 生命"原液" / 找寻生命的蛛丝马迹 / 你的细胞，是生，还是死？ / 在血流中"荡起双桨" / 特殊分子 / 一排小房间 / 明星分子 / 你的专属密码 / 细胞中的"天外来客" / 如影随形的外来基因 / 数万亿名"人体偷渡客" / 阑尾阑尾，何须斩头去尾？ / 细菌自白：不知"五秒规则"为何物 / 蠕虫——爬呀爬，爬进你的心坎里 / 贵族水蛭 / 旅居睫毛之间 / 见"微"

知著 / 生命不息，放射不止 /CAT 扫描与核共振 / 捕捉神秘中微子 / "黑马"中微子

第四章　清澈的双眸　072

猎户腰带上的明珠 / 回望昨天 / 是波，还是粒子？ / 恒星内核的爆炸 /1,340 年的漫长"星际迷航" / 扭曲的透镜 / 海滩救生员操作指南 / 通过"扁豆"透镜看世界 / 爱丽丝的神秘镜中世界 / 眼中华彩 / 收集小小光子 / 从光到视觉 / "人造"世界 / 量子现实 / 杨氏双缝 / 不确定性"君临天下" / 难解难分的纠缠 / 量子碎片的集合体 / 沐浴星河 / 尿，暗夜里的光 / 宇宙大爆炸残留物？ / 膨胀的宇宙 / 可能存在的大爆炸 / 建模游戏 / 失控的宇宙 / 遥远的类星体 / 黑洞迷思 / 打造黑洞 / 日落终有时 / 生命的能量源泉 / 喂？有人吗？ / 搜寻外星生命 / 我们孤单，哪怕并不孤独

第五章　胃中漫步　120

你体内的化学 / 捡拾一粒石子 / "邪恶"的生命化合物 / 加点气儿吧 / 门捷列夫的元素周期表 / 走近第 114 号元素 / 重金属还是稀有气体？ / 从食物到能量 / 吃口"热乎饭" / 干杯 / 上帝的食物 / 胜利者之药 / 从化学能到肌肉的活动 / 开始干活 / 大黄蜂的传说 / 自带"弹簧"的袋鼠 / 流动的热量 / 永动机，何"永"之有 / 克鲁克斯的能量论 / 用之不竭的清洁能源 / 熵增 / 巨兽的物理学 / 两脚兽 / 坐立不安，扳扳指关节

第六章 头昏眼花   151

几多感官？/ 从压缩波到脑波 / 出错的听觉 / 情绪与声音 / 吧唧吧唧，好吃好吃 / 味道与味蕾 / 橱柜中的矿物质 / 气味之路 / "嗅"出你的另一半 / 追忆似水年华 / 无处不在的感官 / 皮肤"看"得见 / 痛觉 / 鼻子在哪里 / 感受加速度 / 重量与质量 / 推来搡去 / 超自然的魔力 / 扭曲的空间和时间 / 一边下落，一边错过 / 无须超距作用 / 调慢你的钟 / 造物主之力 / 电力和磁力 / 随电而流 / 深入原子核 / 极短程的力 / 在时光里徜徉 / 相对的光速 / 隧穿时间 / 打造你的专属时光机 / 时间旅行的悖论 / 在游乐园中畅快呼吸

第七章 执子之手   189

吸引为何物？/ 鸟类如是，蜜蜂亦如是 / 鱼与熊掌不可兼得 / 开启史前模式 / 在公园中寻找来自石器时代的技术 / 狗狗，人类的假肢 / 天然的基因工程 / 神数——23 / 岂止于基因 / 相同与不同 / 克隆，功过是非，谁人评说 / 嗨，多莉 / 优雅地变老

第八章 大脑，王冠之重   209

你的小脑瓜里装的是什么 / 大脑，不为数学而生 / 开门开门 / 两男孩问题 / 测试你的理解力 / 此为何意？/ 万望切记 / 两种不同的记忆方式 / 记住这个程序 / 不要忘记它 / 熟悉的面孔 / 记下我的电话号码 / 似是故"人"来 / 大脑的涂鸦 / 如画的文字 / 文字也"拼爹" / 从辅音文字到全音位文字 / 似是而非的大写字母 / 人脑还是电脑？/ "杀"生而取义乎？/ 信任与最后通牒 / 权衡 / 多变的决策 / 这是不是你？/ 经济学家搞错了

/ 你是有意为之吗？/ 情绪有波动？放松一下吧 / 大脑的专属止痛药 /"顺势"的误导 / 安慰剂的伦理问题

第九章　魔镜，魔镜　　　　　　　　　　　　　247
制作你的始祖塔 / 彩虹有几种颜色？/ 无所谓"突变"/ 连接失败 / 嘈杂的巴别塔 /"只是个理论"并引以为傲 / 牛顿也犯错 / 意义重大的进化 / 眼睛的半成品，有用吗？/ 科学永远可证伪 / 永葆好奇

前言

我们总以为科学是那样遥不可及,是科学家在充斥着各色精密仪器的实验室中进行的研究,抑或是操控如大型强子对撞机①之类的巨型专业技术设备。事实上,我们每个人的体内都有着属于自己的实验室,人体内高度复杂的结构以及它们的运作就是由科学与自然规律决定的。

本书将带领你,从自己身体的运转出发,探寻宇宙之万千。在这段旅途中,有些探险就在我们身边;而另一些则会远离人体,甚至直击恒星内核,带我们置身浩渺星空。这许多的故事,追本溯源,都是为了阐释潜藏在现实中的基本科学规律。而故事的最终,还是要回到世间最为精妙的结构——人体中来。

——布莱恩·克莱格于2012年

---

① 大型强子对撞机(Large Hadron Collider,LHC)是一座位于瑞士日内瓦近郊的对撞型粒子加速器,是国际上高能物理学研究的重要科学设备。——译者注

第一章
镜中的你

请你站在镜子前仔细端详自己,最好是用全身镜。请注意,我说的不是平时的那种"打量",而是认真地审视。你可能会因此感到一丝羞怯。毕竟很快你就会把目光放在自己身体的小小缺憾上,腰或许粗了那么一点,若能再细上几寸就好了。但这不是重点,我希望你细致观察的,是镜子中的那个"人"。

在本书中,你将从人体——自己的身体出发,探索科学极限的方方面面。所有的秘密都藏在人体之中。不管是与消化不良相关的化学反应,还是大爆炸理论模型,抑或是宇宙中最为遥不可及的秘密,都可以从人体这单一、紧致的结构中窥探一二。你的身体,既是一间实验室,也是一座瞭望台。

你可将整个身体视为造物主最伟大的杰作,它是一个鲜活的生命。但你也可以深究细节,探寻人体与周身万物间相互作用的方方面面,或者探究人体是如何获取和利用食物中的能量,能量是如何驱动身体的运转。进一步放大来看,人体这个美妙的作品中含有10

万亿到100万亿个细胞。每一粒细胞都是孕育复杂生命活动的摇篮，但每个细胞本身显然并不能代表你。继续深入，你会发现复杂多变的化学物质与反应，你会在自己几乎所有的体细胞中发现一份已知最大分子的拷贝：1号染色体DNA。

再行深究细节，进入原子级别，你将探寻原子这一构成物质的基本微粒。现在使用传统的计数法恐怕难以胜任；普通的成年人由7,000,000,000,000,000,000,000,000,000枚原子构成。因此使用7×10^{27}来表示要简单得多，即数字7后面跟着27个0。如果以秒为单位计算宇宙存在的时间的话，那么人体内的原子数比这还要再多上10亿。

站在镜子前，端详镜中的自己，观察你的外表恐怕只是管中窥豹而已，身体内存在和发生的种种才是真正的精彩。

镜中影

稍后我们会深入探寻潜藏在你体内的微型宇宙，但现在我们不妨先停下脚步，驻足观察镜子中的你。现在有一个机会，来解开困惑了人们数个世纪的谜团。

请你站在镜子前，并举起自己的右手，镜中的你举起的是哪只手呢？

根据经验，应该是左手。

问题来了。我们约定俗成的观点是：镜中的影像是左右颠倒的。你的左手变成了镜子中的右手。如果你闭上右眼，镜中的你则会闭上左眼。如果你的头发是向左偏分，那么镜中则是向右偏分。

当然了，镜中的你还是头在上、脚在下（前提是一面全身镜）。为什么镜子是将你左右旋转，而非上下颠倒呢？为什么水平和垂直两个方向在镜中所展示的截然不同呢？

让我们以科学的视角来思考问题吧。有三个因素影响着镜子的成像：光线在人体和镜子之间传播的方式；你自己（的眼睛）接收到光线的方式；你的大脑解读接收到的信号的方式。

在本书的后续章节，我们将深入探索你身体的方方面面。现在当你开始思考镜中像的时候，你可能会突然想到非常重要的一点。双眼是水平分布的：你有一只左眼和一只右眼，双眼并非垂直分布。这是不是镜像仅仅发生左右翻转的原因呢？

可惜并非如此。这是个不错的假设，但并不正确。提出假设本身不是坏事，对科学的深入理解往往都源于对错误观点的深入探究。我们来做个小实验吧，看看到底发生了什么。

实验：镜中影

在你身体前，举起一本书（或杂志），合上，封面朝向自己。注意观察镜中的这本书。你看到什么了呢？请你尽可能准确地描述。将你观察到的特征列成表。这样是不是有助于解释镜子的工作原理呢？

请你先自己试一试，下面我来分享自己观察到的结果：

- 镜中书上的文字是镜像书写的，左右是颠倒的。
- 镜中书是在镜面之后的，而我手中的书是在镜面之前的。
- 镜中书的颜色，和我手中书的颜色是一致的。
- 镜中书的封面，是我手中书的封底。

请看最后一条。如果镜子中的这本书非常普通，我手中书的封底便会变成镜中书的封面。这时，镜像谜题的答案就呼之欲出了。镜面反射并非左右相反，而是前后倒置。

从效果来看，镜中像将实物以"前后倒置"的方式呈现。我手中书的封底，摇身一变成了镜中书的封面。请你把书放到一旁，再一次望向镜中的自己。试想象，你的皮肤是橡胶做的，并且可以与你的身体剥离开来。剥开这层假想的人皮，并且向镜子的方向移动，但注意不要调转方向，而是直接将"人皮"内外翻转过来。你的鼻尖，之前是指向镜面的，现在指向相反方向；你的身体，从前距离镜面最近的那些部位，现在在镜像中也是距离镜面最近的。镜中的你，相对于实际的你来说，整个人都是内外颠倒的。

事实上，并不存在什么左右互换，因此你也无须解释为何镜像是所谓的"左右调换"，而非"上下颠倒"。之所以会产生左右调换的错觉，恐怕还需要问问你的大脑。当你观察镜中的自己，你的大脑会试图将镜中的你解读成真实的你。如果将你左右旋转180°再放置于镜子后面的话，那么大脑的这个解读就相当准确了。因为这样一来，"真实"的你和"镜中"的你就重合了。问题的关键在于：并不是镜子本身将成像左右调换，而是你的大脑在解读镜子传来的信号时将左右调换。

现在镜子的谜题解开了，我们来开始宇宙探索之旅吧。这段旅途将从探寻你身体不太寻常的一个部位——头发出发。

第二章
一缕青丝

请你紧紧握住自己的一根头发并拔出。毕竟没人告诉过你科学研究是完全"无痛"的体验。如果你不想体验上述过程，不妨直接从梳子上找一根。如果你不幸秃了，就拔一根别人的头发吧，但是别忘了先征求人家的同意哦！下面，仔细看看手中的头发吧。头发是一根长而极细的圆柱体，富有弹性，考虑到横切面的大小，强度高得惊人。

请你尽可能近距离地观察自己手中的头发。如果能使用显微镜就再好不过了，若没有，用放大镜也可。

这一缕青丝将引领我们探索大千世界，从哲学到物理，无所不包。你可能会纳闷，研究头发难道是哲学问题吗？试想：你是活着的，而且头发是你身体的一部分（或至少在你把头发拔出来之前）。但是从你体内生长出来的头发是死的，这些头发由死细胞组成，而且手指甲和脚指甲也是如此。所以，你是活着的，但是构成"你"的某些部分是死的。

下次再看到"滋养秀发"的电视广告时，请记住，头发是无法吸收养分的，也无法变得健康。头发是死细胞构成的，死的细胞。它的死亡与脱落，如同死去的鸟儿从枝杈上坠落一般。担心自己的秀发干枯、毛糙、无光泽？其实大可不必，这才是头发的"真面目"。不胜枚举的护发产品声称具有"滋养"秀发的功效，想来还真是匪夷所思呢。

上文我们讨论的是单独的一根头发，当然，你的小脑瓜上（可能）长着不止一根。通常来说，人有10万根头发。但就实际情况而言，金发者的头发数量会高于平均值，而红发者的头发数量则会略低一些。如果观察单独一根头发的话，其颜色可能并不如直接观察长满金发或者红发的"小脑瓜"来得明显，因为发量确实会对整体发色产生一定影响。

天选之"色"

头发的颜色由一种名为黑色素的色素决定，黑色素分为褐黑素和真黑素两种类型。其中，褐黑素的浓度决定发色的红色程度。另外，真黑素决定了头发究竟是偏棕色调，还是偏金色调。合成真黑素的基因是较为原始的，红发基因则是在人类漫长的进化史中遗传变异的产物。

岁月不饶人，我们头发中黑色素的含量会随着年龄增长而逐渐降低，直至完全消失。其实灰色和白色的头发中不含任何黑色素，它们是无色的。但头发的形状及其内部结构影响了光传播的路径，从而产生或灰或白的效果。

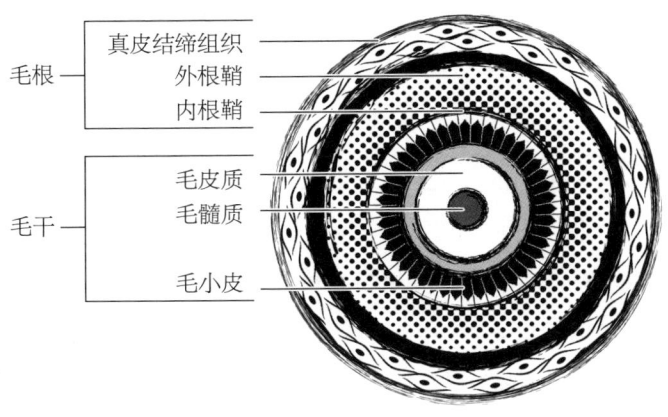

人类头发的横截面图

通过肉眼观察一根头发的时候，头发的内部结构不甚清晰。但置于显微镜下，一切就都清晰了起来，显然头发并不仅仅是单一材质组成的细丝。实际上你的头发分为三层：内层基本是空的；中间层（毛皮质）有着可以储存黑色素的复杂结构，吸收水分之后还会膨胀；而外层则叫作毛小皮，在放大到一定程度后，你还会看到有着防水表层的毛鳞片。

当你把自己的头发从头皮中拔出来的时候，最末端可能会带出毛囊碎片，这部分通常埋在头皮以下。毛囊是头发生长的地方，也是头发上唯一"活着"的部分。

染发使我美丽

黑色素决定了头发的颜色，说明每个人都有自己的天然发色。我们中的很多人都染过头发。改变发色看上去不是难事，但它背后的机理却出奇地复杂，远非刷上一层颜料这么简单。真正能够窥探到其中奥秘之人，不是美发沙龙里的造型师，而是实验室中的化学家。

一般情况下，永久染发会使用氨之类的物质来打开毛干，从而使化学物质能够进入毛皮质。随后使用起氧化作用的漂白剂，以漂去头发原有的颜色。最后使用新发色的染发剂，它会与裸露的毛皮质结合。暂时性染发剂并不能穿透毛小皮；这些染发剂颗粒不能通过表皮进入头发内部，因此容易被洗去。

"脱毛"的烦恼

几乎每个人都有毛发，但与大多数哺乳动物相比，我们的毛发显得异常稀疏。"稀疏"二字，指的不是数量，其实我们的体毛数量与同等体积的黑猩猩相差无几，但我们的绝大多数体毛都太过短小，起不到什么实际作用。

下次当你感到寒意或恐惧袭来时，记得看一眼自己手臂上的皮肤。你应该能看到自己身上的鸡皮疙瘩。这一与毛发相关（其实是"毛骨悚然"）的现象揭示了一个事实：我们的祖先曾经与其他哺乳动物一样，身着厚厚的"毛皮外套"。

起鸡皮疙瘩的时候，汗毛根部的小肌肉收缩，汗毛就竖起来了。若你正身着"毛皮外套"，竖起的汗毛会将"外套"撑得蓬松，更多的空气流入，隔热效果也会因此提升。如果你还有那身"毛皮外套"的话，这一机制真是再好不过了。而如今我们的体毛已然所剩无几，竖起汗毛恐怕只是徒增怪异之感罢了。

当我们受到惊吓之时，也会有相似的毛骨悚然之感。它同样是一种古老的应激反应。许多哺乳动物在受到威胁时毛发都会竖起，这样它们的体积看上去大一些，也能更好地震慑对方。（将一条狗放在一只猫旁边，试欣赏猫科动物的优美身姿。猫也会弓起背来，使自己的体积看上去更大一些。）显然，我们已经习惯使用相似的防御机制，但需要再次说明的是，稀疏体毛的作用或可忽略不计，我们仍然可以体会汗毛竖起的感觉，却不能享受汗毛竖立带来的红利。

最近一次遛狗的时候，我发现没有毛发保护的自己是多么脆弱不堪。那天很冷，而我只穿了一件短袖衬衫，冻得瑟瑟发抖，脚上穿的运动鞋被潮湿草坪里的水浸透，于是乎，每前进一步，脚下都嘎吱作响。穿越篱笆的时候，我小心翼翼地避让野蛮生长的荨麻，但双臂还是被扎得"血肉模糊"。

我的狗呢，她穿着厚厚的"毛皮外套"，脚底"武装"着结实的肉垫。不管是恶劣的天气还是伤人的植物，她都不为所动。面对瞬息万变的大自然，她似乎比我淡定得多。

在大自然带来的困扰与危险面前，我惊异于人类的手足无措。要知道我们的祖先曾经拥有厚实的"毛皮外套"，而猿类动物至今仍然拥有。（进化到今天的猿类动物，例如黑猩猩和大猩猩，它们并非我们的祖先，但在描述这两种猿类动物时，人们还是经常犯错。）早期人类竟然在进化过程中丢掉了自己的"毛皮外套"，这真的不合逻辑啊！

当然，如果你认为进化是利益最大化的过程，那你恐怕是对进化有所误解。进化本身并没有感情，也意识不到什么对我们是好的，什么是坏的。进化是渐进的选择过程，可以筛选出经过微小变异的个体，而正是由于这些个体的存在，整个物种的生存和繁殖能力增强了。进化本身并没有大局观，也不会说："这个性状不错，我要留下。"即便如此，人类失去了"毛皮外套"的温暖呵护，从进化学视角出发似乎也没什么好处。

哪怕是"进化"在给我们"发牌"，也不代表我们的"基因之手"拿到的就都是"好牌"。当我们已经具备某些特征的时候，进化优势就不再明显，甚至可能对另外的发展历程起到副作用。例如，鸟类有一对翅膀，许多鸟类都可以轻松地起飞降落，这是由于鸟类的骨骼轻薄中空。骨骼脆弱本身不是好事，脆弱的骨骼是不利于鸟类生存的。然而为了飞行，鸟类需要减重。

就进化意义而言，人类究竟为什么会失去大部分的毛发呢，现有若干种不同的回答。可能是由于我们的祖先走出森林，决心去往热带稀树草原（savannah）定居之时，需要更为顺畅地排汗——毛发越少，排汗越容易；裸露的皮肤越多，汗液蒸发越快。当然，也有可能是由于寄生虫数量的增长（其实所有的类人猿都深受其扰）。最为新奇的一种观点认为，早期人类是半水生的，较少的毛发更利于在水中游动（尽管很多两栖哺乳动物确实是多毛的）。但在我看来，最好的答案莫过于——意料之外的副作用。正如那些轻薄得吓人的鸟类骨骼一样。

"失发"结盟

大约10万年前，我们遥远的祖先经过最后一次"改头换面"，进化成现代人的模样。那一刻也成为我们进化道路上的终点。今天的我们，和彼时的他们一样，属于同一个生物种。尽管从基因水平上来看，已然发生了许多微小的变化；但就物种角度而言，实质并没有发生改变。不管是在体力、寿命、对异性的吸引力等方面，还是在思维方面，其潜能都是维持不变的。

我们的祖先经过进化上的巨大改变，与黑猩猩等类人猿在进化道路上"分道扬镳"。早期人类丢掉绝大部分的毛发，露出纤弱的皮肤。他们由四足步行转为直立行走。他们的大脑进化得更为发达，也因此"喜提"又大又重的头部造型（恐怕彼时这一特征看上去没什么魅力）。他们的嘴巴变小，曾经作为撕咬武器的牙齿，也就不再那么充满力量。曾经用于爬树、构造独立、与其他四个足趾分开的大脚趾，也不再有用武之地。

综上所述，这些转变使得早期人类在捕食者面前显得脆弱不堪。尖牙利爪可以轻松攻破他们裸露在外、未经保护的皮肤。与其他行动自如的四足猿类相比，他们用双腿蹒跚而行，显得笨拙又可笑——兔子不费吹灰之力就能跑赢这只连路都走不稳的奇怪生物。这些早期人类所作出的适应并非除副作用之外就毫无意义。考虑到那些可能引发适应的行为，二者一并视之，付出这些代价其实是值得的。

早期人类身体的改变，可能是由环境巨变所间接导致的。全球气候巨变将我们的祖先从森林这一庇护所中驱逐出来，进入开阔的大草原。面对凶狠异常的捕食者，要么改变行为，要么整个物种走向灭绝。然而，早期人类若聚集成大型族群，族群便不能很好地运转。对于我们今天的近亲而言，依旧是如此情形。例如，黑猩猩就无法形成大型的合作性族群。哪怕是屈指可数的几只雄性黑猩猩聚在一起，也会为了争霸而上演血腥屠杀。

对于500万年前移居大草原的早期人类而言，恐怕也是如此。但在当时，诸如长相骇人的剑齿恐猫、狮子大小的剑齿虎，或是更为人们所熟知的鬣狗之类的捕食者，好似移动迅速的杀人机器一般横行。是时候作出改变了。有着合作本能的早期人类存活了下来。于是我们的祖先在更大族群中聚居起来，也就有了和捕食者一较高下并取胜的能力。同时，较小的族群会被撕成碎片。这些行为上的改变，导致了我们今天所看到的，现代人奇怪的身体结构及其种种副作用。

这些特征，抑制了青春期猿类的侵略性，合作能力因此提升。我们灵长目的近亲，也是在发育完全之后才不再在大型族群中生活。能在大草原上存活下来的人类祖先，往往是"人缘好"的能力欠佳者，而非动辄将同伴撕成碎片的嗜血暴徒，因此，幸存者的身体也就相对"发育不良"了。对于其他灵长目动物来说，诸如体毛稀疏、大头、小嘴、直立姿势等特征，只出现于其生命周期的初期，通常在个体发育完全后消失。

另外，人类在驯化家畜的过程中，采用的机制同样是筛选出具有合作行为和婴儿时期特征的动物。狗就是个很好的例子，狗与狼幼崽的相似性，要远高于狼幼崽与哺育该幼崽的亲代成年狼之间的相似性。这一问题不仅停留在理论层面上。在一项开展于20世纪50—90年代出色的长期实验中，苏联遗传学家德米特里·别利亚夫（Dmitri Belyaev）通过选择性繁殖，选出具有服从行为的银狐。可见，人类将狼驯化成狗的过程并没有那么漫长。

40年的时间，可以开展一项时间跨度很长的科学实验，但从进化角度来说，不过是沧海一粟。40年后，这些银狐的后代已经展现出与家养犬的相似之处。它们的脸型变得越来越圆；耳朵开始下垂，而不再竖起；尾巴变得松弛且下垂；毛皮出现变异，有了不同的图案和花纹；它们会花更多时间玩耍，而且需要被成年银狐领导；随着合作性的增强，银狐的身体特征和行为模式都愈发接近那些发育过快的银狐幼崽。

下面还是谈一谈人类。合作能力提高了，婴儿特征增多（用科学界的行话讲，叫幼态持续）了，在上述进程中，早期人类丢掉大部分的体毛，因而有了今天人类基本无毛的外貌特征。当然了，头是例外，人是有头发的。头发可以浓密异常，而且与人的体毛或者其他哺乳动物不同的是，头发可以一直生长，一直生长。

毕竟人类在整体水平上毛发稀疏，对于头发这一特例有几个可能的解释。最初，我们的体毛很可能都是固定长度的，但随着时间的推移，自然选择使得人类朝着头发持续生长的方向进化。这可能是由于携带头发持续生长的变异基因的个体，他们的大脑得到了更好的保护，也可能是人类开始穿着服装的副产物，毕竟这样一来，只有头部最需要"毛茸茸的保护层"。或者头发是为了遮挡正午时分似火的骄阳，烈日造成的伤害不可小觑（秃顶的朋友们有话要说）。当然可能还存在其他迥乎不同的解答。

欲回溯产生进化特征的"原因"，难度恐怕是高得令人发指，因为我们不能直接观察发生了什么，或者用实验来验证某一理论。这就好比新闻分析声称股市下行是由于"民众对政府缺乏信心"云云，没有人能确切得知市场为何如此反应。与之相似的是，没有人能够证明为何人类会进化发展出某一特定性状。这一问题的答案也就不可避免地停留在假说层面。

太空迷途

既然我们现在属于一种接近无毛的生物，衣服就成了生活必需品。不管是海底漫步，还是北极探险，合适的服装都是装备的一部分。也许当人类身处外太空之时，服装的保护功能才能凸显出来。你的身体从前从未暴露于外太空的极端环境之下，温度低至-270℃，没有大气。外太空与地球全然不同。宇航员只有身着特制服装，才能定期太空行走。

没有正确的保护措施，人类在外太空根本无法存活。好莱坞总是喜欢想象人类未加保护措施进入太空的情形，但总是会出现惊人的错误。最为荒谬的例子，莫过于1990年阿诺德·施瓦辛格（Arnold Schwarzenegger）主演的电影《宇宙威龙》（*Total Recall*），该影片改编自菲利普·K.迪克（Philip K. Dick）的同名小说，故事中，当人类被驱逐出火星城市的保护范围后，人体竟然开始剧烈膨胀，之后炸成碎片。

火星实际上有稀薄的大气层（大气压力约为地球的1%），即使是在宇宙空间，这种由于低气压而导致的膨胀和爆炸也根本不会发生。气体从体腔流出会导致不适，但脑袋不可能像气球一样鼓起来。

你确实可能会想到液体的汽化。无论何种物质，气压越低，沸点就越低。在没有大气的外太空，随着水分的蒸发，你的眼睛会干涩不适。一些小说中描绘了体内血液沸腾的景象，简直骇人听闻。美国国家航空航天局（NASA）研究显示，你的皮肤和体内的循环系统本身的压力，足以阻止这一切的发生。

你可能还担心自己在外太空极低温的环境中冻僵，但请不要忘了真空保温瓶的工作原理。在真空中，热量的传递只能以光的形式进行。太阳散发的热量以光的形式传播到我们身边，所幸光能够穿过空荡荡的宇宙空间。我们的身体确实在以红外线的形式"发光"，只不过人眼不可见而已。但大部分的热量散失是以传导的形式发生的。我们皮肤中的热量，即分子的无规则运动所产生的热能，会传导给大气。这时候体内分子的无规则运动就会略微减弱，而大气分子的无规则运动就会稍稍增强，当然这在真空中是不可能发生的。

你会在宇宙空间散失热量，但时间并不会那么短。实际上，没有空气才是致死的原因，数秒钟即可索命。NASA曾有过一则实例，1965年，一名被试者的宇航服在真空仓中发生了泄露，之后，被试者保持知觉的时长约为14秒，并最终存活了下来。NASA报告显示，人类在真空环境中精确的存活时间尚不可知，但推测可达1至2分钟。

由此可见，衣服无疑是生存所需的绝佳"助攻"。然而我们中的大多数人在日常生活中所面临的环境改变，对于许多动物而言只靠毛皮或足底角质层便可轻松应对。裸体主义者认为穿着衣物更多的是一种社会行为，并非必要的防护措施，而这种社会行为由来已久。纺织布料的历史可追溯到至少2.7万年前，我们之所以知道这一点，是由于在捷克共和国帕夫洛夫（Pavlov）①的古代穴居点中出土的陶器表面有编织物的印记。

这还不是最久远的，俄罗斯一个名为科斯滕（Kostenki）②的村庄还出土了距今约4万年的骨针。这些骨针似乎被用来将兽皮缝合成衣物。但是，只有小小虱子才能为我们提供探寻人类穿着服装年限的最佳情报。

"虱"量法

在罗伯特·胡克（Robert Hooke）出版的《显微图谱》（*Micrographia*）一书中（见本书第三章第七节），最让人爱恨交加的莫过于那张虱子的插图了。放大来看，这些虱子果真面目狰狞，它们是寄居于宿主的皮肤上的吸血恶魔。如果你的孩子在上小学，肯定知道头虱非常挑剔，只寄生于特定的环境，比如头发根部。身体的其他部位是不会有头虱的。但头虱确实有个不那么挑剔的近亲，叫体虱。

体虱是在距今5万至10万年前由头虱进化而来的。我们无法找到彼时的虱子样本以开展研究，但通过分析比较两种虱子DNA遗传物质的变异程度，可以估算时间——DNA遗传物质的差异越大，分化的时间也就越长。

---

① 位于捷克共和国摩拉维亚（Moravia），该遗址属旧石器晚期文明，于1952年被捷克斯洛伐克考古学家博胡斯拉夫·克利马（Bohuslav Klima）发掘。——译者注

② 位于俄罗斯沃罗涅日州。该村庄发现了旧石器晚期的考古遗址，有着解剖学意义上的现代人类所留下的大量文化遗迹。——译者注

这是研究人类穿衣历史的有趣出发点，因为体虱是在我们穿上衣服之后才出现的。在那之前，人类裸露的皮肤过于"暴露"。更有意思的是，距今5万到10万年这段时间，和人类离开非洲①迁往世界各地并定居于较冷环境的时间是重合的，这可能对人类穿上衣服起到了推动作用。

表皮之下

脱掉衣服，你会看到自己身体最外层的皮肤。肤色和发色一样，也是由黑色素决定的，而且外层的皮肤也是死细胞。你家中的灰尘，就部分来源于皮肤表面脱落的死细胞。在死细胞层之下，是角质层。下面两层分别由起保护作用的鳞状细胞和基底细胞构成，基底细胞死亡后会上升至皮肤外表面。此外，基底细胞间夹杂着黑色素细胞，这些细胞会合成黑色素。

黑色素细胞中合成的黑色素量越大，肤色也就越深。正常状态下的肤色，是由你祖先居住地的光照中紫外线强度决定的。在光谱中，紫外线位于可见光和X射线之间，如果紫外线穿透外层皮肤，其强度足以引发你体内细胞中DNA遗传物质的变异。生活在北半球、接触紫外线较少的人，他们皮肤中黑色素含量在进化过程中不断降低，直到今天。

黑色素保护层的削弱并非全无好处，只是在你太阳晒得多的时候会增加一点风险（比如移居澳大利亚）。尽管确实存在风险，但

---

① 该观点来自非洲起源说（单一地区起源说），系人类起源学说的一种，认为现代人是某一地区的早期智人"侵入"世界各地而形成的。——译者注

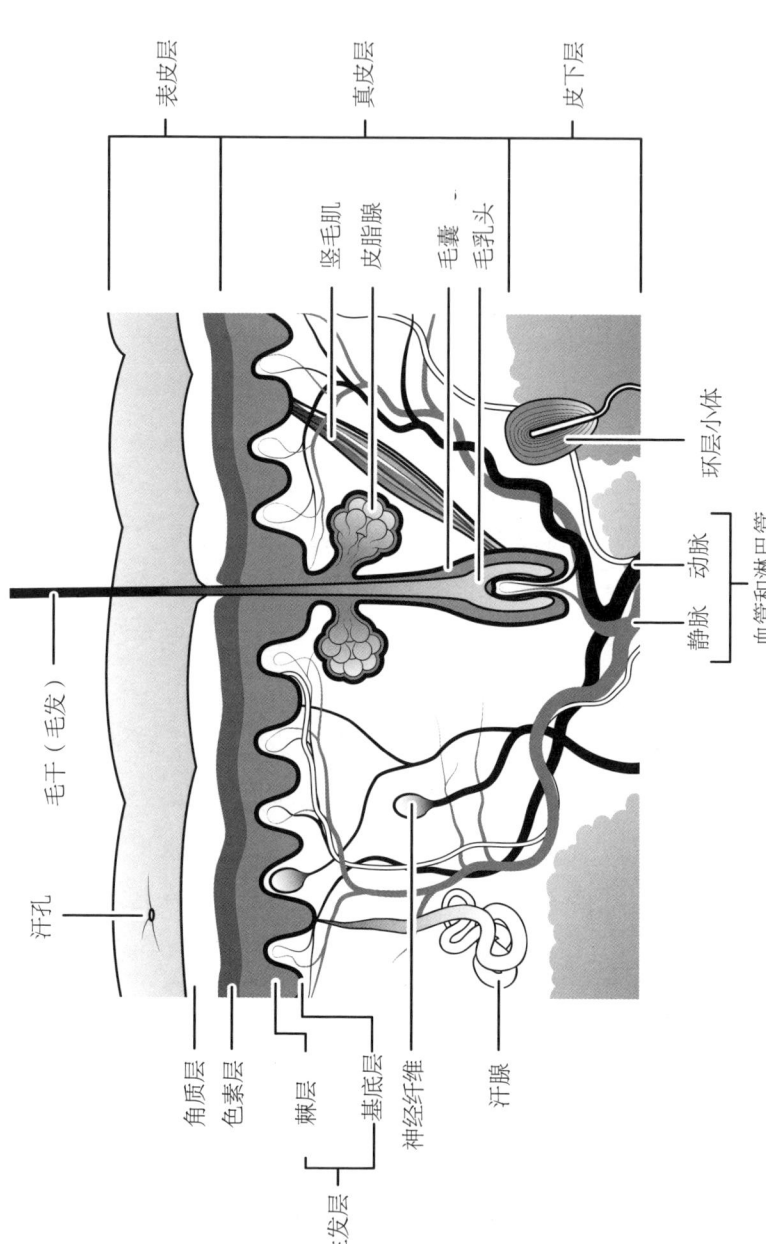

人体皮肤结构图

机体的自我修复是需要紫外线的，因为它可以帮助合成维生素D。维生素D可以预防佝偻病，但它在食物中的含量并不高。北半球偏北地区的光照不够充足，因此早期定居者需要吸收更多的紫外线。

于是，生活在北方地区的人肤色逐渐变浅，而且他们体内分泌的黑色素往往会沉积形成雀斑和痣。即使是在光照强度较弱的地区，紫外线水平也不固定，皮肤的调节机制通过晒黑以抵御不同强度的紫外线。当皮肤暴露于高强度的光照之下时，黑色素细胞会加速运转，合成更多的黑色素，皮肤也就变黑了。这时候，黑色素就能吸收更多的紫外线，防止其对内部组织造成损伤。

这是啥做的？

角蛋白存在于人体外层皮肤和头发中，是起着结构作用的一种蛋白质。蛋白质是分子，由多个原子构成。回过头来，观察你当初拔下来的那根头发，并且深入探究，一步一步走进这座神秘宫殿，最终你将发现建造这座宫殿的砖石，即最基本的结构单元。若想了解自己身体的组成，一定绕不开的问题便是——这个"东西"（包括你的头发）是由什么组成的？

古希腊人有两种关于物质世界组成的学说。主流观点认为，世间万物都是由土、气、火、水这四种"元素"构成的。但与此同时，原子论也发出了微弱的反对声音。该理论认为，如果你将一件物品不断分割、不断分割，最终会达到极限，无法再分，这时候的物质粒子，是不可分割的一粒原子。

古希腊人认为物质是由原子构成的，但这一观点在近2000年的时光中几乎无人问津，直到19世纪初，英国科学家约翰·道尔顿（John Dalton）提出了近代原子论。该理论认为：同种元素是由同一类小微粒，即原子构成的，每种元素所对应的原子都是独一无二的。

此元素非彼元素，但化学物质确实是由元素组成的。氢元素、氧元素可以组成气态物质，铁元素、铅元素可以组成金属物质，而碳元素、硫元素则可以组成非金属。20世纪伊始，多数科学家对原子的认知仍停留在概念层面，而不将它们看作实体。科学家只是认为原子这一概念有助于化学的发展。直到被后世称为"爱因斯坦奇迹年"的1905年，爱因斯坦对"布朗运动"（见下节）的研究才使人们开始真正接受"原子是真实存在的"这一观点。

会"打人"的分子

原子有点像小孩——从来没有静下来的时候。如果你仔细观察桌上水杯中的水，水看上去是静止不动的。其实深入到微观层面，你会发现水分子无时无刻不在疯狂（并且是随机）地舞动着。1827年，苏格兰植物学家罗伯特·布朗（Robert Brown）首次观察到水中花粉粒的无规则运动，随后爱因斯坦意识到这一现象背后的原因正是"剧烈的水分子的不规则运动"。

布朗观察到，月见草的花粉粒在显微镜下的一滴水中不断舞动。起初，布朗以为是某种生命存在于花粉中，但是不管是使用"古代"花粉、岩粉还是烟灰，它们依然舞动不停歇。花粉中并没有生命存在，而是水本身的无规则运动造成了花粉的运动，即"布朗运动"。爱因斯坦意识到是水分子的无规则运动"锤"到了花粉,因而花粉也进行无规则运动,于是他开展了定量研究。不久之后的1912年,法国物理学家让·佩兰（Jean Perrin）通过一系列实验率先证明了原子和分子的存在。

科学的进步可谓是一日千里,如今,人们可以直接观测并操纵单个原子。1989年,IBM公司的一支研究团队首次使用具有操作和观察功能的电子显微镜并成功移动了单个原子。两个月之后,他们将35枚氙原子排列成"IBM"三个字母的图案。

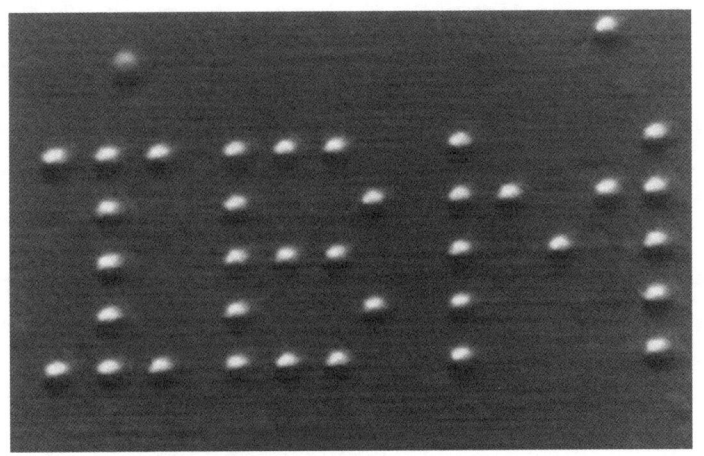

使用氙原子排列而成的"IBM"三个字母

再往前推几年,华盛顿大学的汉斯·德默尔特（Hans Dehmelt）于1980年成功分离出单个钡离子（离子是原子通过得电子或失电子而得到的）。经过特定激光诱导后的钡离子会发出肉眼可见的荧光,如同寂静夜空中的浩渺星辰,闪烁着若有若无的光彩。你可能会辩称,人是"看"不到离子的,我们只能看到离子反射的光,其实接收并识别反射光正是人眼识别物体的方式。

中空的原子及电磁理论

构成你身体的原子不仅非常小,内部还十分空旷。如果将你体内的所有物质不留缝隙地挤在一起,可以压缩成一个边长小于1/500厘米的正方体。

中子星乃宇宙奇观之一。恒星内部物质的原子结构遭到破坏,空间就会缩小。一块方糖大小的1立方厘米中子星物质,质量大约有1亿吨。一颗质量大于太阳的中子星,其体积也不过有曼哈顿岛大小。

构成你身体或者头发的原子是不可能像中子星一样坍缩的,毕竟没有受到来自恒星极强引力的吸引,因此可以保持稳定。此类稳定的原子可以构成头发中的角蛋白分子,它们之所以保持稳定,是由于自然界四力之一——电磁相互作用力的存在(我们会在第六章进一步探讨)。物质可以由同种元素组成,例如我们呼吸的氧气,它是一种双原子分子;也可能是不同元素组成的化合物,例如常见的食盐——氯化钠;或是生物体内诸如角蛋白之类的复杂分子。

构成物质的原子之间其实并不接触。因为原子间的距离越近,同种电荷间的斥力就越强,就如同尝试将同极的两块强力磁铁合并在一起一样。甚至,一个物体只是看上去和另一物体相接触而已。你坐在椅子上,也没有真的接触到椅子,身体以极小的距离悬浮于椅子上方,这是斥力作用所致。

你可能已经不玩磁铁很多年了。试拿起一对磁铁，再次体验磁铁间相互作用力之神奇。

在把玩过程中，你或许认为相斥的同极磁铁比相吸的异极磁铁玩起来更有意思。物质在"相互接触"时，同样是斥力占了上风。这种相互作用力是电相互作用力，而非磁相互作用力，但电磁斥力与你屁股和椅子之间的斥力是相似的。

原子内部究竟如何

1912年证明原子存在之后不久，人们就发现"原子"二字并不准确。原子并非"不可分割"，它有着自己的组成成分。科学家意识到电子这类带负电的粒子可以从原子中分离出来。最初，人们认为电子分散于一个巨大的带正电的物质中，好似一块梅子布丁（约瑟夫·约翰·汤姆孙[①]提出的原子模型）。但在剑桥，一个留着海象胡子的新西兰人得到了不同的答案。

欧内斯特·卢瑟福（Ernest Rutherford）想了一个办法：使用其他粒子轰击原子并观察结果。打个比方，用球向一个隐形结构投掷，根据球运动状态的改变，来推测撞到的东西是什么样子的。卢瑟福选取的"球"是 α 粒子，彼时该粒子刚刚从放射性物质中被发现。（后来经确认是氦原子的原子核。）α 粒子在撞击到涂有荧光材料的面板后，会发出微弱的闪光。黑暗环境中，卢瑟福的助手得以观察到 α 粒子轰击金箔后的偏转路径。

[①] Joseph John Thomson，1856—1940，英国物理学家，电子的发现者。——译者注

这一创造性的方法使科学研究发生了巨大的变化。卢瑟福和他的团队还出乎意料地发现反射回的 α 粒子中，少数粒子直接沿原有路径返回。卢瑟福说：这好比炮轰面巾纸，但炮弹竟然弹了回来。随后他意识到，原子一定有一个极小、密度极高的带正电内核，这样才能把 α 粒子反射回来。卢瑟福率先建立了原子结构的太阳系模型，带正电的原子核（nucleus）（卢瑟福借用了生物学中"核"一词）在模型的正中央。在模型中，原子核相当于太阳，而带负电的电子则相当于这一小型"太阳系"中的行星。

汤姆孙的梅子布丁模型自此被推翻。原子核体积仅仅是原子的十万分之一，如同教堂中的一只苍蝇。原子核由带正电的质子构成，占原子总质量的99.9%。原子核内的质子数与核外电子数相等，正负电荷相互抵消，因此整个原子呈电中性。

模型还不够完善。1932年，原子核中的另外一种粒子——中子被发现。中子的质量与质子接近，但不带电荷，而且中子的发现也解释了同位素现象，即同种元素的不同原子。同位素的化学性质相同，而质量不同。带电粒子的数量（核电荷数）决定了元素的种类和化学性质。对于同种元素的不同种原子，原子核内的中子数可能并不相同，因此质量也就不同。

迷你太阳系？非也

可能我们之中的很多人还认为，原子内部"真的"是像太阳系一样运转的。哪怕1932年意义再非凡，科学前进的脚步从来都不曾停歇。现在我们知道太阳系模型并不准确，电子并没有像行星一样绕核旋转。如果太阳系模型真的成立，麻烦就来了。带电粒子在加速过程中，会以光的形式释放能量。而圆周运动本身就是一种加速运动。注意：加速运动并不意味着速率的改变，此处的用词是"速率"，而非速度。

速率仅仅是一个数值，例如30千米/时。但速度不是，它表征运动快慢和运动方向。所以速度可能是：向北30千米/时。速度的大小和方向，只要有一项发生变化，就会产生加速度。即使速度大小维持30千米/时不变，但如果方向由向北改为向东，仍然属于加速运动。试想原子中的一粒电子，如果像一颗迷你行星一样做圆周运动，那么电子的运动方向就在时刻发生改变，一直处于加速状态。这也就意味着电子会在1秒钟之内发光、失去能量，并跌落至原子核，世上的每一粒原子都会在转瞬之间灰飞烟灭。

量子跃迁

量子理论作为研究微观世界的科学理论，可以用来解释世界为何没有在一道闪光中消失。量子理论不认为电子是一种做圆周运动的小微粒。电子在任意时间点都不存在确定的位置。相反，电子在原子内同一时间可存在于不同位置，只是概率不同罢了。只有确切观察到了电子，才能确定它的确切位置。因此你最好把电子想象成位置模糊不定的概率云。当然，概率云很难通过图画来描绘，因此旧版的太阳系模型仍然出现在大多数教科书中。

这些位置模糊不定的电子只能携带特定单位的能量，好像在轨道上运动一样。电子在吸收特定大小的能量之后，就会跃迁至能量更高的轨道。但电子不能吸收这些定值以外的任意能量；电子也不能"停留"在这些轨道之外。这些定值的能量"包"叫作量子，"量子理论"一词由此而来。

这也就意味着"量子跃迁"（quantum leap）一词在日常用语中显得有些怪异。量子跃迁是电子在轨道之间的跃迁，是电子能量所可能的最小幅度的改变。所以现在当人们使用"量子跃迁"来描绘巨大变革的时候，总是感觉哪里不太对①。

通常而言，能量以光的形式将电子送至更高能级（这里之所以选用"轨道"一词是为了方便理解）。光作为能量的载体（这也是太阳发出的能量穿过真空到达地球的形式），可以为电子提供其跃迁所需的能量。同样，电子向低能级跃迁时就会发光。但由于电子只能在轨道之间跃迁，能量是整份存在的，即量子。光也是整份存在的，每一份儿叫作光子。

夸克的魅力

人体是由分子构成的，分子是由原子构成的，原子是由质子、中子和电子构成的。但现在我们已经知道，"质子和中子是构成原子核的最基本微粒"这一观点也是错误的。真正构成质子和中子的基本粒子叫夸克。目前已知的几种夸克，是通过"味"来划分种类的（不是真的"味"，你懂的）。不同种类的夸克还包括：粲、奇、顶、底等，但我们真正感兴趣的，还是上和下。一个质子由两

---

① 在英文比喻中，"quantum leap"指质的飞跃、巨大突破等，与物理学框架下表示的极小幅能量的改变意思相去甚远，因而作者感到奇怪。——译者注

个上夸克和一个下夸克构成，而一个中子由两个下夸克和一个上夸克构成。

因此夸克的带电量决定了质子和中子的电荷量，上夸克的带电量为元电荷的2/3，而下夸克的带电量为元电荷的−1/3，于是质子带1个单位的正电荷而中子呈电中性。某个粒子携带"几分之几"的电荷，听上去并不太对，而夸克本身也不构成某种物质的1/3或2/3，它们是电荷的最基本单元。我们已经默认质子和电子携带1个单位的元电荷，因此在发现夸克之后就只能用分数表示了。

夸克（quark）这个奇怪的发音，听着和"拉客"（lark）差不多。美国物理学家默里·盖尔曼（Murray Gell-Mann）提出夸克的想法时，希望这个单词能和"科克"（cork）押韵，因此提出发音作"科克"（kwork），但还没细想好该如何拼写。随后他想起詹姆斯·乔伊斯（James Joyce）的《芬尼根的守灵夜》（*Finnegans Wake*）中的一句话："给马斯特·马克来三夸克！（Three quarks for Muster Mark！）"夸克三个一组正好与物理事实相一致，故而盖尔曼决定采用此种拼写方式，尽管这与他之前设想的发音有些不同。

混乱的标准模型

深入到夸克水平，你就可以认识这些真正不可再分的粒子，它们为科学家所用，是最基本的描绘你的身体和宇宙万物的微粒。

物理学家用大约19种基本粒子建立起"标准模型"，来描述我们所知的、现存的万事万物。其中的12种是物质粒子，例如夸克和电子，以及一些核反应和对撞实验中生成的新粒子，另有5种是可以传递力的特殊粒子。而光子，它既是光的基本粒子，又是传递电磁力的媒介子。

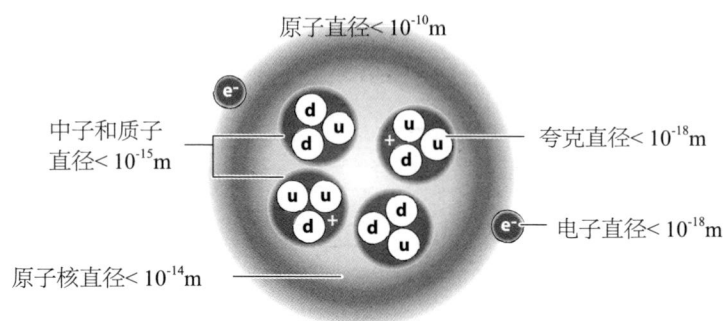

原子结构图：如果原子核大小如图中所示，原子直径则为10千米左右。

还有几种粒子，究竟存在与否，尚未可知。例如，如果引力确实可以量子化，那么引力子便是一种传递引力的媒介子（仍未经理论证实）。此外，欧洲核子研究组织（European Organization for Nuclear Research，CERN）的大型强子对撞机（Large Hadron Collider）正用于研究希格斯玻色子（Higgs boson）的产生，科学家认为这种神秘粒子可以赋予其他粒子质量。

从更复杂的视角来看，每个粒子都有与其相对应的反粒子。反物质听起来像是美国科技电影《星际迷航》（Star Trek）中出现的神秘名词其实也是企业号（Enterprise）引擎的工作原理，但反物质是真实存在的。反物质与正常物质一样，只是有些性质是相反的，电性就是个很好的例子。

12种物质粒子都有其对应的反物质粒子。例如,电子有其对应的反电子,或许"正电子"这一形式更为人所熟知,1个正电子携带的是1个单位的正电荷,而不是负电荷。

当正物质与反物质相遇之时,双方就会湮灭,质量则转化成能量。质量与能量之间的关系要用到爱因斯坦的著名方程式:$E=mc^2$,这里的c表示数值巨大的光速,因此湮灭时释放的能量是惊人的。当1千克的反物质与同等质量的正物质相遇湮灭之时,产生的能量相当于一座标准发电厂运转12年左右产生的能量。(当然这也取决于使用反物质的种类,例如反应中可能产生一种次级粒子——中微子,其可将能量产出削减为之前的一半。但即便是减半,能量也大得惊人。)到目前为止,反物质是最为质密的能量储存载体,比核燃料的能量储存效率高1,000倍。

这些基本粒子可以解释你头发中各种物质的构成,也能解释有质量或能量的任何物质的构成。这样的解释仍过于复杂:科学家们希望找到一种能解释世间万物的更简单的基础框架。多年来,物理学家为了这一目标提出了不同的理论,至今还没有一个能真正让人满意。

是固,是液,还是气?

下面我们先将理论思考放在一边。你的头发到底是什么类型的物质组成的呢?学校的老师很可能告诉你:物质分为固、液、气三态。显然,头发既非液态,也非气体,那就是固体咯。但是弹性如此之高,又容易弯折,这种物质真的是我们心中固体的样子吗?一般认为固体是坚硬且不易弯曲的。另一个经典的例子就是沙子，它也不能被很好地纳入经典的分类框架中。试想自己手中握有一把沙子，显然它是由一个又一个固体小颗粒组成的，但当你握紧拳头的时候，沙子又会像液体一样流走。

下面以水为例，我们来进一步理解物质的三态。在分析三种不同的物态之时，我们通常从如下两种视角出发。物质从固态向液态，再向气态转化之时，原子间的距离往往会变长，运动速度也会加快。所有的原子和分子都会运动，但在固态时，由于受到电磁力的束缚，它们只能在特定框架内进行原位振动。在液态时，分子间相互作用力依然保持一定强度，但是与固态相比已经弱了很多，而且物质的结构也并不稳定。到了气态，单个分子就可以独立移动了。

如此看来，不同物态是坐落在一条连续轴上的，但它们又都各自有着清晰的定义。例如，水分子作为液体确实会以气态的形式逸出（蒸发），但你若想将液态水转化为气态，则需要将其加热到特定的温度（即沸点），随后还需要继续加热，以破坏所有的分子间作用力，将分子全部释放出来。

物质的第四种状态

你在学校接触的科学课程，恐怕还停留在维多利亚时期[①]关于物质三态的理论，事实上物质有五种状态。第四种状态其实并不陌

---

① 维多利亚女王（Alexandrina Victoria）的统治时期，泛指19世纪中后期。——译者注

生,而且比气态物质更容易被人观察到。但由于我们所接受的学校教育仍然采用19世纪的世界观,很多成年人除了在大屏幕电视的标签上见过之外,甚至都不知道它的存在。这种物质状态就是等离子态。

鉴于本书所讨论的问题都是从人体出发的,所以在此有必要澄清一个概念,以防读者混淆。我们现在所讨论的等离子与血浆没有任何关系。①血浆是一种无色液体,其中悬浮有血细胞。等离子态是物理学框架内物质的第四种状态,是一种"类似气体状"的物质状态。

人们对于等离子体的误解由此可见一斑。笔者的一本字典上对等离子体的定义为"由离子,而非原子或分子构成的气体"。我们暂且搁置"由离子构成"这一点,请注意,字典编纂者对此的认知是非常模糊的。如此定义等离子体,就好比将液体定义为"有流动特性的黏稠气体"。当然,在气、液两相之间,等离子体更像气体,正如在液、固两相之间,气体更像液体一样。但定义还可以更充实,毕竟它是物质的另一种状态。

上文提到,等离子态物质比气态物质更容易"被观察到",原因在于它的可见度非常高。太阳是一个巨大的等离子球体,它表面的火焰也包含等离子体,我们生活中接触的火焰在等离子范畴内来看温度是非常低的,通常是等离子体和气体的混合态。我们将液体加热,超过某一特定温度时,就会转化为气态;而等离子态就是将

---

① 尽管"等离子"和"血浆"都是"plasma"一词,但这个用法并不确切,"plasma"这个单词的原意为"成形的"(formed)或"用模型浇筑的"(moulded),但"等离子"和"血浆"这两种物质实际上都"不成形"。——译者注

气体进一步加热到足够高的温度，所得到的物质状态。

  气体温度越来越高，原子内的电子就会吸收越来越多的能量。当能量足够高的时候，电子就会脱离原子。多数原子都有失电子或者得电子的倾向。失电子能力强的原子便会失去电子，带正电荷；而得电子能力强的原子则会与电子结合，带负电荷。简而言之，离子就是得失电子之后带电荷的原子。某种物质的原子在高温加热状态下解离成离子，这种状态就是等离子态。

  在宇宙中，等离子体简直无处不在。原因在于（含有等离子体的）恒星体积极大。据称目前已探测到的宇宙物质中，高达99%都是以等离子态存在的。当然部分原因在于等离子体的发光特性，使它们更容易被观测到。尽管等离子体的密度不高并且与气体类似，然而它又和气体天差地别。例如，气体是绝佳的绝缘体，等离子体则是极强的导体。

实验：蛋奶糊（custard）的状态

  我们通常认为物质状态的改变是温度变化的结果。水温降低则凝固成冰。金属受热则会熔化成熔融（液态）金属。但压强会对一些材料（的状态）产生极大的影响。搅拌时，触变性防滴溅涂料（non-drip paints）可以在凝胶（一种可塑固体）和液体之间转化。但最为夸张和有趣的，莫过于蛋奶糊实验中压强对物质状态的影响。

  将蛋糕粉和水混合在一起，形成黄色的黏稠液体。将液体倒入碗内。随后将大拇指和食指同时放入碗中，手指之间相隔几厘米，随后两手指捏合在一起，此时在你手指压力的作用下，液体变成干燥的粉末。只要维持压力，蛋奶粉就会保持固体形态，你甚至可以轻而易举地将固态蛋奶粉从碗内的液体中"拎"出来，但只要松开手指，它马上会变回液态，并顺着你的手指滴进碗中。

这种性状使得步行穿越蛋奶糊池塘成为可能。要看这个动作，请访问"www.universeinsideyou.com"网站，在"实验"（*Experiments*）栏目中点击"蛋奶糊上行走"（*Walking on Custard*）。

凝聚态初探

物质的第五种状态究竟是什么？这与蛋奶糊无关，但同样令人啧啧称奇。某年某月某一天，科学家会提出"等离子体"这类"热词"，就像"光子"和"夸克"一样时髦。但往往他们起的名字都非常拗口，来，请和我一起念五遍物质第五种状态的名字：玻色-爱因斯坦凝聚态（Bose-Einstein condensate, BEC）。

玻色-爱因斯坦凝聚态与等离子态分别占据温标的两端。在我们深入研究凝聚态之前，不妨先思考一下关于温度的问题。温度是什么？温度是物体的冷热程度，其实这个解释已经足够清晰了。加热物体的时候，我们要向物体输送能量。这时候会发生什么呢？物质中原子或分子会加速运动。即使是固态，物质的原子也会振动；

液态时，物质微粒处于游离状态；而气态时，它们便可"自由翱翔"了。

当你使用温度计来测量自己体温的时候（约37℃），你所测量的是自己体内微粒运动时所具有的平均能量。如果你对"能量大小由运动速度决定"这一观点将信将疑，试想象自己被5千米/时和500千米/时的网球分别击中的区别。显然后者由于携带的能量高，落在身上会疼得多。

温度与物体内原子的运动有关，如果不了解这一点，恐怕你会认为物体的温度可以不断下降，不断下降，永无止境，当然前提是你家冰箱的功能足够强大。事实上你只能减缓物体内原子或分子的运动。理论上讲，原子和分子停止运动的温度为绝对零度，但量子态的粒子不可能完全停止运动，因此只能无限逼近绝对零度。

绝对零度约为-273.16℃。科学家通常使用与摄氏（Celsius）温标的温度间隔一致的开氏（Kelvin）温标。开氏温标中的0 K即绝对零度，而0℃在开氏温标中约为273 K。（如果你喜欢咬文嚼字的话呢，不妨在此澄清：开氏温标［Kelvin scale］的单位为"开"［kelvins］，此处为小写"k"；而符号为大写"K"。开氏温标与华氏［Farenheit］及摄氏温标的另一点不同在于，它的符号中没有"度"［°］，因此水的凝固点为273.16K，而非273.16°K。）

但物质接近绝对零度的时候，性质会发生改变。有些物质开始转化成凝聚态（理论上分为：玻色-爱因斯坦凝聚态和费米子凝聚态，但这个细节问题我们暂不讨论）。物质处于凝聚态时，构成它的粒子会失去其原有的特性，而呈现出超流态的性质，即物质可以无阻碍地移动。超流体可以沿着杯壁爬出杯口，因为此时分子的随机运动不受任何阻力。如果让超流体做圆周运动，它会一直保持这个状态运动下去。此外，物质也可能展现出超导特性，即超导体，此时电阻为零。

对凝聚态领域"天生反骨"的研究，莫过于玻色-爱因斯坦凝聚态与光的关系。由于凝聚态本身便是介于正常状态的物质与光之间，它会与光发生奇怪的相互作用，光在凝聚态中传播速度降低，甚至停止。这种光与物质的奇怪组合称为"暗态"（dark state），浪漫的名字与诡异的现象还真是很配呢。

深入物质世界

以上便是物质的五种状态。从高温到低温排列，首先为高能离子集合体——等离子态，接下来是气态、液态、固态，最后则是在极低温环境下的玻色-爱因斯坦凝聚态。你可能会认为研究物质的科学不过尔尔，其实在一根头发中就上演着许多精彩绝伦的故事。

近距离观察那些分子，你会发现它们是由原子构成的。我们已经知道，每一颗原子的原子核都是由质子和中子构成的（氢原子是个例外，它太小了，原子核只有一粒质子），而原子核外则是电子（云）。原子核中的基本粒子都是由三个夸克构成的。这些基本单元不仅构成了相对简单的头发结构，也能解释你体内复杂多变的种种反应。

吃什么，补什么

那么组成你身体的成分究竟来自何方呢？这些构成你身体的原子，它们的前世今生究竟如何呢？数个世纪之前，它们可能在太空游荡，参与过各种各样的化学反应。例如，你体内的碳含量高得惊人。这些碳元素由来如何？它们来源于动植物，而这些被你吃掉的动植物，又通过其他动植物来摄入碳元素。沿着食物链一步步向下探寻，最后你会发现一只"吃素的"动物。追本溯源，所有的碳都来源于植物。那么植物又是从哪儿吸收碳元素的呢？

答案是空气。

植物有着极强的能力来固定空气中的成分并实现生长。我们已经习惯性地认为，二氧化碳这种温室气体是有害的，但请你记住，植物生长所需的大部分碳元素都来源于空气中的二氧化碳。另外氧气作为废气被植物排出，这也是我们能够呼吸的唯一原因。

你体内的原子，来源于从前的动植物；再之前，一些原子飘荡在空气之中，另一些则来源于名山大川。如果向前推得足够远的话，很多原子曾经是古人身体的一部分。人体中的原子数高达约 7×10^{27} 个，因此这些原子很可能是从其他身体中"回收利用"的。你体内的原子可能来自从前的高贵的国王、优雅的王后、英勇的武士和谄媚的弄臣。

但这并不能说明你呼吸的每一口空气中都含有玛丽莲·梦露呼吸过的原子。空气的流动性强，你呼出的气体会迅速流动扩散，之后你又会随机地吸入气体。但目前来说，构成梦露身体的原子还没有时间进入到每个人的身体之中。有些人体内有，而有些人体内则没有。几百年后，相信每个人都能与梦露"共享"同一批原子了。

地球诞生前夜

自从三十多亿年前生命起源以来，构成你身体的原子一直在被"循环利用"。化石向我们诉说着32亿年前生命的踪迹；一些化学物质的蛛丝马迹，甚至可以将生命的诞生再向前推数亿年。但在此之前，那些原子就已经存在了。它们显然不是凭空产生的，构成你身体的原子在45亿年前地球诞生时就已经存在了（来自外太空流星的除外）。

地球产生之前，原子"生生世世"地在宇宙空间游荡。有些原子诞生于宇宙诞生初期。根据目前关于宇宙起源最有影响力的大爆炸理论，当温度冷却至大爆炸的残余不再以纯能量的形式存在，而开始形成物质，这时候宇宙中所有的氢元素，以及部分的氦元素和锂元素开始生成。因此水中的氢元素和你体内的有机分子中的氢元素可以追溯到宇宙诞生的那一刻。

一段时间之后，氢在万有引力的作用下开始聚集，形成恒星，年轻的恒星由于将最轻的氢聚变为氦而发光发热。当氢元素消耗殆尽的时候，氦元素也开始发生聚变反应，以此类推，直到形成铁元素。诸如碳、氧之类的生命元素，由来自此。

再后来，一些恒星会变得不稳定，经过灾变性爆发之后形成超新星。普通的恒星没有足够的能量以形成重于铁的元素，但超新星活跃异常，因此可以生成包括铀在内的所有元素，而铀元素是自然中最重的元素。

确切而言，你我都是浩瀚太空中的一粒尘埃。构成你的头发以及身体其他各部位的原子，或是来源于137亿年前的那次大爆炸，或是来自于某颗年龄介于70亿至120亿岁之间的恒星。不管是你的头发，还是你身体的其他部位，都是真正意义上的"老古董"。我们可能会觉得天文学家所研究的宇宙是那样遥不可及，与地球上的生命似乎没有什么关联。其实，你身体中的每一粒原子都源自苍茫宇宙。

一粒尘埃

这便造就了非比寻常的你。相较宇宙空间而言，原子可以称得上是"稀世珍宝"了，原子的数量其实并不多。想到我们身边的万事万物，这一观点听上去似乎有些不可思议，更何况还有天边的浩瀚星河。但宇宙空间实在是广袤无垠。据估计，在可观测宇宙（observable universe）中约有10^{80}个原子，可观测宇宙即观测者可以观测到范围内的物体的球体空间。宇宙空间中的长度计量单位通常为光年，即光在一年内传播的距离。光的传播速度约为30万千米/秒，因此1光年约为9.5万亿千米。而可见宇宙（visible universe）的直径大约为900亿光年。

之所以称为"可见宇宙"，是由于没有人能够确定宇宙的大小。不管怎样，现有许多证据表明宇宙是于137亿年前形成的，因此我们最多只能观测到137亿年前发出的光（实际时间要比137亿年短一些，当然这不是本文讨论的重点）。如果137亿年来，一切如旧，那么可见宇宙的直径应为270亿光年。但宇宙自诞生起就一直在膨胀，所以137亿年前发光的那颗恒星，现在距离我们已经有450亿光年了。

天地苍茫，如果你将所有原子平均地分散于整个宇宙空间，相当于每6,250立方米中只有一颗氧原子。试回想你体内的原子数。水分子在人体内质量占比最高，而水分子的质量在很大程度上来源于氧原子，因此从原子层面而言，氧原子在人体内质量占比最高，约为65%。当宇宙中所有物质都是平均分散之时，你体内的氧原子会占据9×10^{30}立方米的宇宙空间，即一个边长为2,000万千米的正方体；该长度超过地球到月球距离的50倍。

再次聊回你的头发。人们会为自己家族的延续不绝而自豪。如果一个家族在一栋乡间别墅中居住了400年，他们会认为自己并非寻常人家。但你手中的这根头发，构成它的原子已经走过了50亿年的漫长岁月，一些原子甚至可以追溯到大爆炸的那一刻。我把这称为"血统"。

你之前已经发现头发是"死的"。但下面我们要继续出发，探寻生命的踪迹。还有什么比血液更能说明问题的吗？

第三章

细胞秘辛

你肯定有过如下经历：不小心切到了自己，深红色的血液从伤口流了出来。如果你手头有一根消过毒的针，并且愿意忍痛扎自己的拇指一下，可以更仔细地看一下流出来的那滴血（请确定自己没有健康问题，扎这一针也不会有任何危险），当然不一定非要这样做。如果你下定决心扎自己一下，针扎进去的时候，你就会忍不住想骂脏话。而这时候讲脏话其实没有什么不妥。

脏话的镇痛功效

2009年开展的一项研究显示，我们在受伤时更倾向于讲脏话是有原因的。与使用日常用语相比，人在讲脏话时对疼痛的忍受能力会提高，感受到的痛苦也会减轻。但是对于那些倾向于"灾难化"受伤事件的人，讲脏话并不奏效。由于"灾难化"（catastrophise）这个单词没有在《牛津英语词典》（*Oxford English Dictionary*）中出现，我不能完全确定科学家们想要表达的是什么。但我能确定的是，"灾难化"某一事件的人，往往都是"戏精附体"。

研究结果表明，讲脏话可以切断人对于疼痛的"恐惧"与"感觉"之间的联系，如此一来便降低了"自虐"的程度。不管讲脏话究竟有无效果，你若想仔细观察一滴血，恐怕就免不了受点皮肉之苦啦。

生命"原液"

血液的一些特征，是与头发截然不同的。显然血液的活力，也是毫无生机的头发所无法比拟的。事实上，我们并不知道"死"与"活"的界限究竟该如何划分。深入到原子层面，血液本身，与头发，甚至是石头都没有半分差别。它们的原子构成可能会有所不同，例如血液中的铁含量较高，但是它们都是由分子构成的，而分子又由原子组合而成。但"鲜活的"血液和"僵死的"头发确有不同。

你可能会惊奇地发现，区分"是生还是死"并非易事。在你继续阅读本书之前，请试着列出六条"判断死活"的标准。

人们一度认为有一种名为"生命力"的能量形式存在于生命体内，并且随着生命的陨落而销声匿迹。但"生命力"从未被探测到，因此也就难逃伪科学或隐喻的窠臼了（如"她今天充满生命力"）。

找寻生命的蛛丝马迹

生物学家提出了七条标准来判断生命正处于进程之中，即生命过程。实际上，生命的定义取决于"做什么"而非"是什么"。七个生命过程如下：

· 移动：随着时间的推移，即使是植物也会移动；例如向日葵随着太阳转动。

· 营养：消耗某物以产生能量，消耗的可能是植物、动物或阳光。

· 呼吸：以"食物"为来源获取能量，通常有氧气的参与。

· 排泄：排出废物。

· 繁殖：产生新的个体（往往存在变异）以延续物种。

· 知觉：与周遭环境进行某种相互作用，通常为检测到某种形式能量的存在。

· 生长：尽管并不贯穿整个生命历程，但所有的生物都在某些阶段经历生长。

就生命体层面而言，简单的标准便是检查上述七条是否同时符合，否则该植物或动物就不是活着的。满足全部七条特征，才是真正"活着"的证明。即便制定了标准，"是死是活"也并非那样泾渭分明。试回想你上一次"喷嚏不止"，便是拜病毒所赐。你可以将病毒视为一种单细胞的活着的生命体，包括细菌在内的许多单细胞生物无疑是活着的，但病毒不能满足"繁殖"这条标准。

病毒并非不繁殖，它们的繁殖过程会侵入并感染你的身体，致病机制是篡夺宿主细胞的功能为其服务。从某种意义上来说，当你感染病毒的时候，是你的身体帮助病毒实现了复制，而非病毒自己进行复制。许多（尽管并非全部的）生物学家都认为病毒本身不是活着的生命体，这也部分解释了为何治疗病毒感染困难重重。使用抗生素来治疗病毒感染可谓是南辕北辙，因此在患感冒或流感时使用抗生素之类的药品，其实是在浪费时间。

你的细胞，是生，还是死？

如果只观察生命体的一部分并判断生死，恐怕存在一定的难度。将一个器官或一粒细胞孤立地看待，显然不能满足所有标准，例如你的心脏就是不能"繁殖"的。单细胞生物则是个例外。

只有在宏观的有机体层面，生物学家在使用"生命"这一字眼时才有意义。即使生物在迈向死亡，我们也不能马上观察到每个细胞中发生的终极变化，当然这些变化终将降临。因此，我们便不能认为你拇指中的一滴血或是一粒细胞是"活的"。但是，在你的血液或者细胞中发生的活动（化学反应）要比头发中多得多，而头发则是"死的"，毕竟血与肉是活的生命体的一部分，正如血液或细胞是你大拇指的一部分一样，它们通常包含部分（但并非所有的）生命过程。

我曾请教过一名细胞生物学家，询问她关于"细胞生死"的观点，她对"细胞是活的"这一观点深信不疑，并指出："显然，在实验不顺利的时候，你会因误操作而杀死自己培养的细胞。活细胞会发生新陈代谢反应，会分裂，也会来回移动。如果使用延时显微镜观察细胞的话，你会发现它们惊人而充沛的活力，细胞们会不断抖动、不停跳动，并且试探着伸出小手指（丝状伪足）和小脚丫（板状伪足）；甚至有些细胞还能爬来爬去。当然了，细胞还会增殖，有些是可以无限增殖的，例如癌细胞（株）。死亡的号角终将吹响，细胞收回自己的'小手小脚'并聚拢在一起，细胞核破裂，细胞也会发生某种程度的爆炸。最终它们会完全静止，一动也不动。因此在我看来，这不正是生与死的区别嘛！"

从这个角度来看，判断血细胞的"死活"便成了一个棘手的问题。它们不像你的大多数细胞一样有细胞核（很快你会了解更多没有细胞核的细胞），它们只是随着你的血液循环而流动。但它们在维持你身体生命活动的过程中扮演着重要而积极的作用。

在血流中"荡起双桨"

仔细观察你手指中流出的那滴血，它似乎只是深红色的液体，而液体中并没有什么东西。如果你将自己的血液制成显微镜涂片（人血涂片）的话，就会发现自己的血液中满是"小东西"。有些是红细胞，呈菱形，像杏干一样。它们的功能是从肺部向身体其他组织运输氧气。

这些细胞之所以呈红色是由于它们主要由一种名为血红蛋白的蛋白质组成（你体内的很多蛋白质都是重要的工作分子）。如果将红细胞中的水分抽干，那么剩余的95%的物质都是血红蛋白。血红蛋白这类大分子有着极强的结合氧气的能力，可以将氧气运输至身体各部位，它含有铁元素，通常认为这是红细胞呈红色的原因，正如同铁锈也是红色一样。其实这只是个巧合，实际上是铁原子与环状分子卟啉①结合而形成的有机结构呈红色。红细胞从骨髓中制造出来，在大约四个月的寿命中每20秒就可以在体内循环一次，总数达数万亿。

回到你手指上流出的那滴血，白细胞也是我们的老朋友了。白细胞可划分为多种不同类型，发挥防御或清理功能。其中一种白细胞负责清理衰老的红细胞，其他多数用于吞噬病原体和其他进入人体但人体却不需要的物质。

尽管你无法用裸眼辨别出单个白细胞，但你很可能见过同类型的一批细胞，它们在完成自己的使命之后"光荣牺牲"——化脓了。数十亿个细胞组成了一支强大的军队，每支小分队都负责"歼灭"特定种类的"入侵者"，或负责清理体内特定种类的细胞。

在"血细胞大军"中，还有第三类细胞——血小板，这个名字可能有些陌生。血小板寿命短暂、形状不规则，可发挥凝血功能，防止伤口血流不止。

特殊分子

当然血液中还有另一种成分——水。血细胞悬浮于血浆之中。血浆中还溶解有一系列蛋白质和化学物质，但它的主要成分还是水。你的身体由大量水分子构成，事实上水分子的含量高居榜首。水分子是一种简单而神奇的分子。一个氧原子和两个氢原子构成了熟悉的化学式：H_2O。水对于生命体而言意义非凡，我们在太阳系中

---

① 血红素的基础物质。由 4 个吡咯环以次甲基连接起来的复杂化合物。由于卟啉是血红素的基础成分，因此为血红蛋白、细胞色素等的构成成分。——译者注

搜寻生命的踪迹，首先会寻找水。细菌可在极热、极寒和无空气等极端环境中生存，但没有一种已知的生命形态可以离开水。

水之所以重要，是由水分子的一系列特性决定的。它是唯一一种在地表典型温度范围内以固、液、气三态存在的化合物。水分子本身又有一些奇怪的特性，哪怕少了其中任何一种特性，液态水的沸点都会变得低于$-70°C$。若真如此，地球上就不会有液态水存在，也就不会有生命。但由于水分子的特殊性，水的沸点保持在我们熟知的$100°C$左右。

水分子会有这些特性是因为它含有氢键，氢键是氢原子与氧、氮或氟原子之间的吸引力。以水分子为例，其中的氢原子携带微量正电荷，而氧原子含微量负电荷，一个水分子中的氢原子与另一个水分子中的氧原子相互吸引而形成氢键。氢键的存在导致水分子之间更难分开，汽化的难度升高，因而沸点升高，地球也就变成了宜居的星球。

水的另一特性也源于氢键。多数物质的体积在固态时小于液态。但是，固态的水（通常称为冰）——冰的体积要比液态水更大。因此我们通常不建议将一整瓶水冻成冰，也正因此冰漂浮在池塘表面，这样冰面下的生命也就更容易存活下来。其实这一特性并非为水独有，例如，乙酸和硅都是固态密度小于液态的物质。但该特性并不常见。

将一只小塑料瓶用水装满，不要留有空气，并且拧上瓶盖。将瓶子放入冰箱的冷冻室中过夜。水会在凝固成冰的过程中膨胀，要么塑料瓶会胀破，瓶盖被顶开；要么在解冻后，塑料瓶会延展成奇怪的形状。请注意不要使用玻璃瓶，否则你冰箱的冷冻室会满是碎玻璃碴。

水在固态膨胀的原因，在于冰有固定的晶形，即六方晶格。此时水分子中的氢键的连接方式与液态时不完全一致。由于冰的特殊结构，水分子之间的氢键会伸展、旋转，此时水分子之间的间距增大，密度因此小于液态水密度的最高值（即4℃左右时的密度）。

水当然是透明的，但光的散射使水呈淡蓝色（天空是蓝色也是由于同样的原因，我们在第四章第二十九节会详细论及）。尽管水的颜色并不明显，大量水分子聚集在一起的时候（例如冰川冰），还是能观察到颜色。

水是生命之源，原因在于水是良好的溶剂。水分子因携带电荷[①]形成了氢键，因此可以很好地溶解其他物质，并在活细胞中承担物质的运输功能。除刚才所说的水可以作为溶剂而支持生命活动之外，在机体的新陈代谢过程中，许多化学反应都需要水的参与。没有水，细胞就不可能存活。

一排小房间

在本书中，我已数次使用"细胞"一词。如果你希望深入了解自己的身体，细胞就会不可避免地进入我们的视野。"细胞"一词由罗伯特·胡克命名，他是与牛顿同一时代的科学家，也是牛顿的劲敌。胡克本人成绩斐然，《显微图谱》是他的传世佳作，书中通过放大镜及早期显微镜记录下来的图像，展现了胡克对身边事物微

---

① 氧原子吸引电子的能力更强。因此水分子中氧原子一侧带负电，氢原子一侧带正电。整个分子有极性。——译者注

小细节的观察和研究。

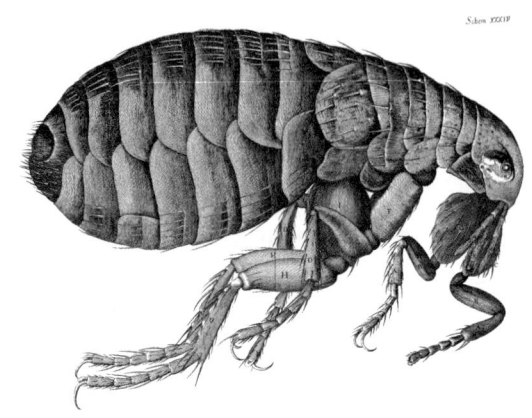

罗伯特·胡克《显微图谱》中跳蚤的插图

书中的几幅折页插图中，令彼时的读者最为震撼的莫过于关于跳蚤和虱子的惊人细节。人们对这两种生物非常熟悉，但又未曾得见他们的"庐山真面目"。此外，他对苍蝇复眼精雕细刻的描绘也令公众赞叹。胡克甚至还研究了软木塞的结构，并观察到"一排排数不清的小房间"，由此联想到修道院中修道士居住的小房间。因此，生物学领域中"细胞"（cell）这一名词便以修道士的卧室而命名。

所有的已知生物体都至少由一个细胞构成。例如，最简单的生命形态——细菌，是单细胞生物。而你的身体内有数万亿个细胞。事实上，每一粒细胞都是一个生命的容器，我们之前了解到的血细胞只是细胞大家族中非常特殊的一员。对于你的身体而言，标准的细胞形态包含有位于细胞中心的细胞核，以及悬浮在液体之中的多种"生物装置"①。

明星分子

细胞核中含有的现存最著名的复杂化合物莫过于DNA了。不得不承认DNA是化学界的名流。想来没有几种分子能像DNA一样时常"上热搜"吧！我们甚至不需要说出DNA的全名，使用首字母就足够了。（当然也因为脱氧核糖核酸［deoxyribonucleic acid］这个名字比较拗口。）此外，一瞥双螺旋的图片，我们便可领会将要谈论的为何物。

DNA并非一种单一物质，它不像食盐——主要成分是氯化钠（NaCl），即钠离子与氯离子结合在一起形成的简单化合物。确切地说，DNA是遗传信息储存于化学物质中的格式。举个例子，方才你流血的拇指上有一粒细胞，其细胞核内的DNA是一系列长链分子，这些DNA分子围绕着充当纺锤作用的若干种组蛋白②。

你应该已经见过人类染色体的图片了。每条染色体都是由1个DNA分子与组蛋白组合之后形成的，而你体内细胞的细胞核中有46条这样的染色体。我们将在第七章中进一步探索。值得注意的是，1条染色体中包含有1个DNA分子。1条染色体是由DNA分子缠绕而成的短而粗的"一大捆"，它比普通分子要大得多，因此很难把它当

---

① 文中的"生物装置"指细胞器，即细胞质内具有一定形态、结构和功能的小器官。——译者注
② 存在于真核细胞核内的一类碱性蛋白质。在细胞核中与脱氧核糖核酸紧密结合，形成球形的核小体结构，是染色质的基本结构。——译者注

作1个分子看待。人类1号染色体中的DNA分子是目前已知的最大分子，该分子由大约100亿个原子构成。

实验：提取DNA

下面，我们来尝试一下法医剧中分离DNA样本的操作。本实验中，你将提取出香蕉的DNA。这是本书中最复杂的实验，即使你没有亲自动手，也会发现与DNA"亲密接触"没有那么难。

使用搅拌机将半根香蕉制成糊状（几秒钟即可，不要搅拌成液体）。

将液态透明的洗碗机专用洗涤剂与一小撮食盐混合，再加上九倍于洗涤剂体积的温水，将混合液体倒满半个马克杯（例如将10毫升洗涤剂配置成100毫升溶液）。将上述液体与香蕉一起搅拌，搅拌过程中注意不要出现泡沫，直到块状物全部消失。

在低温环境中，使用咖啡滤纸从混合物中过滤出液体。将过滤出的部分液体装入细长的玻璃容器中（最好是试管），液体高度达几厘米。随后，将温度极低的酒精（alcohol）顺着容器壁缓慢倒入，此时酒精在最上方形成一层液体。最终，DNA会从下层液体中析出，进入酒精层，你可以使用鸡尾酒棒将DNA卷起。

理想情况下，使用的酒精应为浓度是95%的乙醇（ethanol），此时的乙醇溶液与纯乙醇发挥的作用基本相同。如果没有上述试剂，使用医用酒精也是可以的，但酒精饮料的纯度

> 是不够的。此外，可以不使用香蕉，理论上所有活的生物体内DNA都可以提取出来，但使用香蕉操作起来确实非常方便。请注意，你最后卷起来的物质绝大部分是DNA，但会含有部分蛋白质。

DNA的双螺旋结构与螺旋楼梯非常相似。螺旋部分由长串的糖分子构成，DNA分子的全称（脱氧核糖核酸，deoxyribonucleic acid）中，前缀"deoxyribo"来源于"脱氧核糖"（sugar deoxyribose）一词。脱氧核糖分子构成了DNA分子的基本骨架，这些长链聚合物有着重复的结构单元，但这只是最基础的结构，重要的部分在于螺旋楼梯的"台阶"。每一级台阶都是一对化合物分子组合，这些分子组合共包含四类"碱基"：胞嘧啶（cytosine，用C表示）、鸟嘌呤（guanine，用G表示）、腺嘌呤（adenine，用A表示）和胸腺嘧啶（thymine，用T表示）。

你的专属密码

这些碱基就如同计算机二进制中的0和1（当然碱基共有四种，并非二进制）。你体内每个细胞的DNA中有60亿对碱基。这些碱基像密码一样，储存着指导蛋白质合成的遗传信息，不同功能的蛋白质在人体万千世界之中扮演着不同的角色，遗传信息还指导合成其他影响人体生长发育的分子。这一机制之所以能够完美运转，在于螺旋楼梯的每一级"台阶"上的碱基都有着固定的配对方式。腺嘌呤（A）只与胸腺嘧啶（T）配对，而胞嘧啶（C）则只与鸟嘌呤（G）配对。

这一碱基配对原则对DNA的复制至关重要。新细胞是由分裂得到的，每一个子代细胞都需要一份DNA遗传信息的拷贝（copy）。为实现这一目标，DNA双链分离，解开成为两条单链DNA。虽然两条单链DNA是不同的，但碱基配对原则不变，因此再以这两条单链DNA为模板，分别合成出缺失的两条单链DNA并不困难，最终每个新细胞中都有一套完整的DNA遗传物质。

人们常说，DNA是生命的蓝图，这是由于DNA能发挥多项功能。试想，最初的你只是一枚细胞。这个细胞一分为二，二分为四……最终分裂成50万亿至70万亿个细胞，构成了现在的你。显然人体的生长发育远不止细胞分裂这么简单，否则现在的你恐怕只是"一坨"细胞而已。细胞需要接收指令，分化成不同的种类，DNA便扮演了"发号施令"的角色。

但是，一味地将DNA称作"生命的蓝图"，恐有误人子弟之嫌。"蓝图"可以事无巨细地教你走好每一步，仿佛是打造一件艺术品。而DNA中储存的信息不足以描绘我们体内大千世界的万中之一。基因是DNA上遗传信息的片段，但一种生物拥有基因的数量与该生物的复杂性之间并无关系。例如，水稻的基因数量就是人类的两倍。当然，如此看待问题未免太过简单，在本书的后续章节，我们会进一步讨论基因问题。

还是以你拇指中那粒细胞（或者任意一粒体细胞）中的DNA为例，此时DNA就好比控制软件，而生物体就好似一座复杂的自动化工厂。但DNA不是万能的控制软件。DNA一来不囊括全部细节；二来在其他影响因素的作用下，也无法控制某些基因片段究竟表达与否。至于DNA所扮演的重要角色，我们将在第七章中进一步探讨。

细胞核中的46个DNA分子并非该细胞中的全部DNA。事实上，细胞中还有一些DNA分子如同"天外来客"一般，它们甚至不起源于人体细胞。

细胞中的"天外来客"

有一种名为线粒体的结构，它位于细胞核外，悬浮于细胞质基质中。这些"迷你豆荚"有时被称为细胞的能量工厂。线粒体的功能是将人体吸入的氧气（通过红细胞运输而来）与从食物中摄取的化学物质结合以合成ATP，ATP的化学名为三磷酸腺苷，是人体内的一种储能分子。线粒体是一种生物化学电池。它的奇妙之处在于，有人认为线粒体曾经是一种细菌，后来与宿主细胞形成了共生关系。

多年以后的2011年，更为有力的证据浮出水面。研究发现，一种名为SAR11的普通海洋细菌似乎与人类线粒体有着共同的"祖先"。它们之间的关系类似于人与大猩猩，两组生物都分别有着共同的"祖先"。通过比较分析SAR11与线粒体的基因发现，它们都起源于同一种"细菌祖先"。

独立的线粒体DNA使得这一比较分析成为可能，线粒体中只有13个基因。细胞核中的染色体DNA同时来自于你的父母，属于人类DNA的主体部分，而线粒体DNA只是你的妈妈留给你的。从前，这些"古细菌"的运转需要1,000个基因。后来在"原线粒体"演变形成线粒体的漫长岁月中,多数的线粒体基因逐渐成为染色体基因的一部分,现在只剩下13个保留在线粒体中。

不同细胞中的线粒体数量相去甚远。人体肝细胞中的线粒体数量最多,一般超过1,000个。尽管线粒体发挥多种功能,但最重要的莫过于将能量以ATP的形式储存起来,就如同发条的螺旋弹簧一样,只是此时的能量是化学能罢了。

施加能量,弹簧可变为压缩状态,此时能量就储存起来。随后放开弹簧,能量也就随之释放,此时弹簧可以推动机械装置。与之相似的是,线粒体以合成ATP的方式储存能量,ATP是一种复杂的化学物质,它包含一对高能磷酸键,将数个磷原子和一个氧原子连接在一起。这些键(原子中电子之间的连接)比较脆弱,简单的化学反应即可导致键的断裂,并在断键过程中释放能量。这些ATP分子中释放出来的能量,积少成多,便可为你诸如举起手指之类的活动供能。请注意下面这句话:ATP分子中的高能磷酸键无时无刻不在断裂。

如影随形的外来基因

线粒体并非你体内唯一的"他乡之客"。人体内DNA至少还包含有8种逆转录病毒(retroviruses)的基因。逆转录病毒利用宿主细胞的DNA编码机制来接管该细胞的功能。(艾滋病正是逆转录病毒感染所致。)人体DNA中的病毒基因如今在DNA复制过程中扮演着至关重要的作用,而它们也是彻头彻尾的外来基因。

倘若线粒体从前确为细菌,现在它们与人体细胞的关系可谓是不分彼此。尽管目前大多数的单细胞生物中都不含线粒体，但在所有细胞内含有细胞核的生物中，往往都发现有线粒体的身影。线粒体入侵应当发生于地球上复杂生命形态发展的早期，但它们不是人体内唯一的"细菌"。

数万亿名"人体偷渡客"

下次照镜子的时候，请你记住：如果单纯按照细胞的数目计算，你体内的细菌数量是要高于细胞的数量的。构成人体的细胞大约有10万亿个，而人体内细菌数量则要再多上10倍。

大多数寄生在你体内的细菌都是无害的，还有一些是有益的。它们并没有像线粒体一样与你的身体"水乳交融"，甚至没有这些细菌也不是什么要命的事情，但你就不会像从前一样"活得那么容易"了。20世纪20年代末，美国工程师詹姆斯·A. 雷尼耶（James 'Art' Reyniers）[①]决定研究动物是否可以在完全无菌的环境中生存，并倾尽毕生心血致力于打造无菌、健康的新世界。他在该环境中培育豚鼠等动物，这些动物自出生起就在无菌环境中生活。

结果自然是无功而返。你确实可以清除环境中的所有细菌，饲养的动物也确实不会死掉。无菌环境能显著降低患病风险，根据雷尼耶的实验结果，应该鼓励大范围地使用杀菌清洁剂和抗生素。

一些细菌的杀伤力无疑是巨大的。但雷尼耶的研究还是具有误导性，他确实在无菌环境中成功培育了一些豚鼠，但多数豚鼠仍在

---

① 詹姆斯·A. 雷尼耶，英文原名：James A. Reyniers，1908—1967，美国科学家。雷尼耶的中间名为 Arthur，昵称为 Art。——译者注

劫难逃，最终呜呼哀哉。此外，那些侥幸活下来的豚鼠不得不依靠特制饲料为生，这是由于它们的肠道中缺少有助于消化的细菌。这些细菌，对于那些以高纤维植物为食的动物和昆虫而言尤为重要。由于草和树枝之类的食物很难分解，如果没有细菌的帮助，以此为食的动物也就无法存活。

即便你体内没有细菌，也不是什么生死攸关的大事。但需要吃一些更有营养的食物，毕竟肠道中的一部分酶是由细菌合成的。对于素食主义者来说则更是如此，因为植物纤维遇到人体合成的酶，几乎"毫发无损"。只有在细菌分泌的酶的帮助下，植物纤维才能被消化吸收。

如果你在使用抗生素进行治疗，请注意哦，尽管特定种类的抗生素只会杀死特定比例的细菌，但抗生素是"敌我不分"、不管不顾的。因此，既然抗生素会消灭你肠道内的一部分细菌，你就需要丰富饮食、避免感染。肠道内的细菌可以帮助你抵御不速之客，一旦你使用抗生素将"土著细菌"赶走，有害细菌很可能会乘虚而入。

在益生菌饮料或其他产品中加入"有益菌"，其实并没有什么好处，痴迷于有益菌的朋友们读到这里恐怕要失望了。使用上述方法摄取有益菌收效甚微。当然从心理学角度而言，可能确实有效（请见第八章"大脑的专属止痛药"一节中关于"安慰剂效应"的内容），但不能起到任何真正的生物学作用。

阑尾阑尾，何须斩头去尾？

阑尾恐怕是被人们误解最深的身体部位了，此外，阑尾中的细菌也是我们不容忽视的一环。阑尾一旦出现问题就有可能引发致命的阑尾炎，似乎无甚用处，但我希望你的阑尾还"健在"，你可能会觉得这个祝福匪夷所思。上述观点从进化视角看是说不通的。既然人类在漫长的发展过程中一直保留着阑尾，如果它确实毫无用处，为什么没有消失呢？

近期研究发现，阑尾对人体内的细菌助益颇多。阑尾如同细菌的"度假胜地"，可以帮助细菌从肠道内的"激情狂欢"中抽身；细菌还可以在阑尾中"生儿育女"，以此保证肠道菌群"儿孙满堂"。因此，"阑尾无用论"已经过时了。

人体内的细菌（包括阑尾中的细菌）竟然没有被免疫系统铲除，想来也是一件怪事。白细胞在不断地合成抗体，而抗体的使命就是锁定并消灭外来物。这也解释了为何移植手术困难重重，毕竟人体对他人的体细胞会产生排斥，这一机制目前还不甚明了。而上文提及的细菌，似乎不会受到抗体的影响。

近期的另外一项惊人发现揭示阑尾中含有大量抗体。部分抗体可以附着在细菌上，并由此进入肠道，当然这是有益的，不会对人体造成损害。IgA是肠道和阑尾中最为常见的抗体，它附着在肠道细菌上，但不会对细菌造成损伤，此类抗体的支持结构还可以帮助细菌更好地附着在肠道中，而不会像食物一样被排出。必要时，你体内的抗体总能向肠道内的有益菌伸出援手。

IgA是"免疫球蛋白A"的缩写。此类蛋白质在人体中含量很高,是人体合成的大型复杂分子,也是一种"化学机器"。最初的命名都是像"免疫球蛋白"一样严肃。但随后,命名传统发生了改变,名字也愈发诡异了。现在的蛋白质拥有如下命名①,如:音猬因子(sonic hedgehog)、宝可梦(pokemon)②、海马贝壳派对(seahorse seashell party)③、榆木脑袋(dickkopf)④、阿图迪图(R2D2)⑤、荷马·辛普森(Homer Simpson)⑥、玻璃底游船(glass-bottomed boat),还有我最喜欢的名字:相互同意的克制(abstinence by mutual consent)。

细菌自白:不知"五秒规则"为何物

当然,细菌和病毒不可能都是有益的。人会生病,可能是遗传病,或是在人体生长发育过程中出现了问题。但大多数疾病还是由一些小型"侵略者"闯入人体造成的。从前的迷信观点认为,食物掉在地上,只要在五秒内被拾起便可安全地食用。

此类操作可追溯到成吉思汗的时代,但彼时的人们对饮食还没有像今天这样在意,所以他们采用的是"十二小时规则"。一名美

---

① 下文蛋白质中,仅 sonic hedgehog 的译法"音猬因子"是约定俗成的,其余译名均为译者本人提供,供读者参考。——译者注
② 宝可梦是日本著名游戏、动漫作品系列的名称。——编者注
③ 源自美国著名动画剧集《恶搞之家》(Family Guy)第十季第一集。——编者注
④ 原文为德语,简称 Dkk。——译者注
⑤ 电影《星球大战》(Star Wars)中的机器人角色。《星球大战》是美国导演兼制作人乔治·卢卡斯(George Lucas)制作拍摄的一系列科幻电影。——译者注
⑥ 美国著名动画剧集《辛普森一家》(The Simpsons)中的人物。——编者注

国高中生在当地的一所大学参加暑期课程时,采用了更为现代的科学的手段来检测这一规则,并得出了几条有趣的结论。

吉莉安·克拉克(Jillian Clarke)[1]使用棉签从大学的地板(包括很多人踩过的区域)上采集样本,她惊奇地发现,地板上几乎没有细菌。帮助吉莉安进行实验的博士生,甚至连屈指可数的几个细菌都未能找到。但下面的结论你可能并不意外:人们更倾向于捡起来并吃掉掉在地上的糖果和饼干,而非西蓝花和菜花。

重点来了:食物掉落在接种有大肠杆菌的平板上,在5秒之内就会沾上细菌。因此,"五秒规则"是错误的。

蠕虫——爬呀爬,爬进你的心坎里

细菌可能是你体内和体外最为常见的生命形态,但不是唯一。有些人身上可能会有一些"不速之客"。例如,虱子、跳蚤,甚至是肠道蠕虫。蠕虫是一种"魔幻"的生物,一般认为它是有害的寄生虫,但近期研究显示,特定环境中的特定蠕虫对人体是有益的。

这一论调看似荒诞不经,当然蠕虫与细菌相比只是我们人类的"新朋友",但时间也不算短了,人体已经适应了蠕虫的存在。迄今为止,实验并不算多(很可能是由于蠕虫会引人反感),但已有合理证据显示蠕虫能对人体产生积极影响,人体内部系统默认了蠕虫的存在,失去蠕虫,系统就会失去平衡。如果体内的蠕虫被清

---

[1] 2003年,高中三年级学生吉莉安·克拉克在美国伊利诺伊大学进行相关实验并撰写论文,驳斥该规则,这项工作获得了2004年的"搞笑诺贝尔奖"。——译者注

除，身体健康状况下降，此时可以适当使用蠕虫疗法。

贵族水蛭

另外一种对人体有益的寄生虫便是水蛭了。数百年来，水蛭都是一种治疗手段，但传统的水蛭疗法的理论基础是完全错误的，而医学科学化的时间也不算长。古代西医是古希腊四元素说在医学领域的延伸，该理论认为，人体包含四种"体液"——血、黏液、黑胆汁和黄胆汁，它们负责保持人体的平衡。

上述四种体液必须保持平衡。例如，如果你血液"过剩"的话（换言之面色太过"红润"），便需要放血。放血疗法一度非常普遍，病人通常会变得更加虚弱，对抗感染的抵抗力也会被削弱。该疗法一般为直接开口子放血，有时候会使用水蛭吸血，有了水蛭，治疗会便捷得多。

所幸现代医学发展到了今天，人们已经意识到放血疗法是无效的，水蛭开始用于解决术后问题。水蛭等生物在吸血时，需要血流畅通不凝固。因此，水蛭会分泌一种天然的抗凝血剂。手术之后，人体某些部分可能会有瘀血，而其他部位则会供血不足，导致"血管中的塞车"。适当利用水蛭疗法，可以清除瘀血，促进血液流通。

旅居睫毛之间

各位读者，不管当下的你是初生牛犊、年富力强，还是鬓发斑白，你的身体上可能还有其他外来生物如影随形。睫毛螨[①]是一种微型生物，它以老化的皮肤细胞和毛囊分泌的天然油脂（皮脂）为生。睫毛螨与虱子有所不同，它只食用表皮的分泌物，除导致少数人过敏之外，没有其他危害。它们体积极小，成年后也通常只有1/3毫米，颜色几乎透明，肉眼很难观察到。

将一根睫毛或者眉毛放在显微镜下，你就可以看到这些小东西了，这些小螨虫一般都生活在毛发与皮肤的连接处，世界上大约有一半人都携带睫毛螨，孩子携带的螨虫少一些，而成年人则多一些。尽管这些小螨虫不像细菌一样能给人体带来益处，但至少是无害的，你完全没有必要担心。

见"微"知著

没有显微镜，我们也就无从了解这些早已成为我们身体一部分的外来生物。同样，人们对细胞不断深入的了解，也是得益于显微镜技术的成熟与发展。人们最初使用的都是单式显微镜，当然连胡克也不例外。支架与单个透镜的组合，可以有效避免观察时的震动。因此，1674年，安东·范·列文虎克（Anton von Leeuwenhoek）发现了细菌。但真正的科学进步，还是有赖于复式显微镜的发明才得以实现。

将两个合适的透镜与一根管子组合在一起，我们就向着显微水平的世界迈出了一大步。距离物体较近的物镜可以将标本倒立放

[①] 蠕形螨属，拉丁学名：*Demodex*，又称：毛囊螨、毛囊虫，俗称：螨虫。常寄生于哺乳动物的毛囊内，是最小的节肢动物。——译者注

大。此时的成像是"实"像,你看不到它,而且是飘浮在空中的;第二个透镜是目镜,作用与放大镜类似,可将前一步倒立放大的实像进一步放大。

在此,我们应向荷兰的汉斯和扎卡莱斯·詹森(Hans and Zacharias Janssen)[①]父子致敬,他们是眼镜制造商,大约于1590年发明了第一架复式显微镜。彼时的汉斯还只是个小男孩,由于他后来深耕于光学仪器领域,所以更为人所熟知,但我们有理由相信,父亲扎卡莱斯对复式显微镜的发明做出的贡献更大。

在技术的帮助下,我们冲破了肉眼观察的桎梏,可以更为细致入微地了解自己身体运转的方方面面。尸体解剖由于被认定为非法活动,多年来进展寥寥,但仍属于人体探索之旅的首次实质性突破。将人,尤其是活人,"开膛破肚"来观察体内活动究竟如何,实在是弊大于利。如今,现代科技发展为我们另辟蹊径提供了可能。

生命不息,放射不止

1895年,德国科学家威廉·伦琴(Wilhelm Röntgen)使用"克鲁克斯管"(Crookes tube)进行研究,那次意外发现成为科学界的重大突破。伦琴使用的是一根简单的阴极射线管,从前常见于电视机和电脑显示器中,后来被液晶显示屏(LCD)和等离子显示屏取代。管中放出的"阴极射线"实际上是电子流,电子流可以在电场

---

① 16世纪末至17世纪初,詹森父子发明的复式显微镜,为微生物学的发展做出了卓越贡献。——译者注

和磁场中发生偏转。电子一般会撞击在含有磷光材料的屏幕上，因此屏幕会发光。

这也就是电视机屏幕的成像原理。伦琴有一块可以自由移动的屏幕，因此他把屏幕放置于离阴极射线管不远的地方，打开射线管，并用硬纸板把射线管包好，此时的屏幕仍然在发光。伦琴大为惊讶。电子在撞击金属之后似乎从侧面发出了一种新射线，该射线能量巨大，可以直接穿透硬纸板。

伦琴将这种新辐射称为：X-Strahlen，在英语中称为：X-rays。此处的X表示神秘的未知物，原本"X射线"只是临时采纳的昵称而已。科学界不喜欢这个名字，欲将其命名为"伦琴射线"（Röntgen rays），可是木已成舟，人们已经习惯"X射线"这一叫法。

不管身处哪个时代，科研成果都会偶尔"出圈"并走进公众视野。伦琴关于X射线的学术论文，配上一张照片之后，"如虎添翼"地登上头版头条。他使用X射线照射自己妻子的手，射线只能穿过肉，但不能穿透骨骼，历史上第一张人体活体骨骼的照片就这样诞生了。伦琴的妻子在拍摄X射线照片时没有摘下戒指（似乎她本想摘下来的，但是卡住了），因此在照片中我们可以看到一个非常明显的环形物。

在X射线发现一年后的1896年，格拉斯哥皇家医院（Glasgow Royal Infirmary）[①]建造了历史上第一台X射线机，这标志着X射线在医学领域应用的开端，此后医事放射技术得以不断发展。另外，好奇的公众非常希望拥有X射线视力。在20世纪，一本电学科普知识的

---

① 英文简称：GRI。一所教学医院，位于英国苏格兰格拉斯哥市中心的东北边缘。——译者注

杂志甚至介绍了X射线机的制作步骤。笔者年幼时，也曾使用X射线机照射自己穿着鞋子的脚并观察脚趾骨骼。

彼时的人们并未意识到X射线这种"魔鬼"射线所带来的风险。伦琴最初推测X射线是某种形式的光，X射线确实与可见光同属电磁波，只是它带有更高的能量。我们知道，电子可以通过吸收光子（量子化的光能）以跃迁至更高能级。但X射线的能量过高，甚至可以将电子"炸"出原子，这也就是我们常说的电离辐射。

电离本身非常常见。例如，食盐溶于水的过程就是电离，因此你的体液中有很多离子。在人体内，被电离辐射照射过的细胞会产生自由基；自由基是一种高活性的分子，可致癌。（人体内的抗氧化剂可以中和自由基，因此广告总是宣传抗氧化剂有益健康，但事实上通过饮食摄入的抗氧化剂不能发挥体内抗氧化剂的作用，因此并无益处。）

我们需要避免接触过量的X射线，毕竟高能光子引发的体内电离是有一定危险的。因此，放射技师需要在保护屏后面工作。但我们作为病人，接触到的电离辐射强度是很低的。请诸君不要忘了，我们每天都在接触天然辐射，天然辐射源就在我们身边。例如，拍一张胸片的X射线辐射与乘坐10个小时飞机受到的天然辐射强度差不多。

CAT扫描与核共振

医生如果希望不开刀地检查你身体内部的状况，现在有数种透射光线可供选择。尽管CAT扫描仍然是使用X射线，但它必须借助计算机才能实现。CAT的全称为：computer assisted tomography，即计算机辅助X射线断层摄影术（又称为：computerised axial tomography，即计算机轴向断层扫描），这个名字未免骇人听闻了些，毕竟"断层"（tomography）的意思是把物体切成片状。但该成像技术可显示人体某部分的一系列切面快照，随后通过烦琐的数学计算（CAT全称中的"计算机"一词由来于此）将不同位点获取的数据转化成一张细节丰富的多层图像。

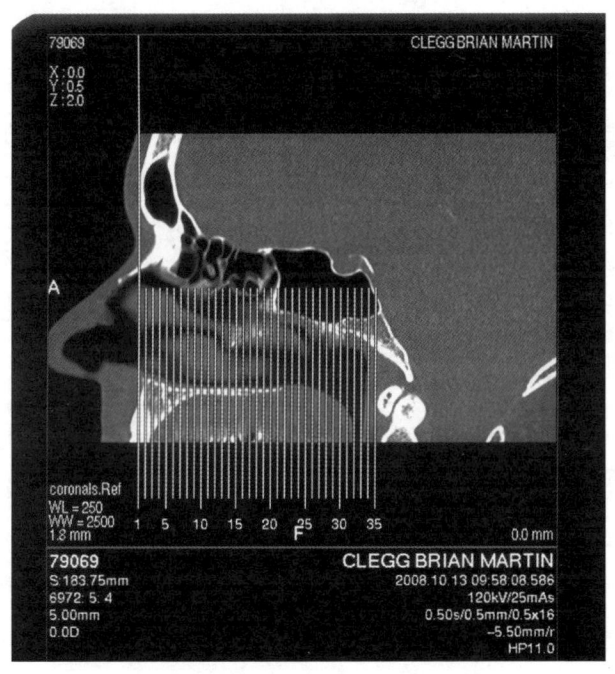

图为笔者本人的CAT影像，
垂直线段表示本系列照片中的轴面

另外一种著名的扫描仪叫作磁共振成像（magnetic resonance imaging，MRI），之前被称为核磁共振（nuclear magnetic resonance，NMR），"N"代表"核"（nuclear），后来由于"核"难免会与"核辐射"（nuclear radiation）联系在一起，人们就把字母N去掉了。其实完全没必要恐慌，"核"字只是代表检测对象是人体内原子的原子核（nuclei），而非使用核辐射照射病人。

原子核中的质子像微型磁铁一样，会产生自己的微型磁场。而MRI会产生强磁场，此时水分子中质子的磁场就会与外加磁场对齐。随后扫描仪会发射能量较低的无线电波，如果无线电波的能量大小合适，那么作为微型磁铁的质子，它们的自旋方向会发生反转，但是很快又会恢复原状并释放出光子，这些光子就可以被检测到。由于不同种类的组织和不同流速的血液释放出的光子不同，这时候扫描仪对光子的检测就可以帮助我们作出判断。

捕捉神秘中微子

拥有合适能量的光子并不是唯一一种可以穿透固体物质的微粒，其实每秒钟都有50万亿个中微子穿透你的身体，太阳或者其他辐射源都可以发射这种微粒。中微子是来去匆匆的过客，自20世纪30年代理论预测其存在以来，其后的20多年间，它都不曾被观测到，可见探测中微子"难如上青天"。在2011年的日内瓦，CERN科学家通过实验得出了中微子速度高于光速的结论，这也就意味着爱因斯坦的相对论大厦将倾。

中微子穿过你的身体简直太容易了，因此它似乎是医事放射的不二之选。但问题在于你身体没有任何一个部位可以挡住中微子，它穿过人体就如同穿过宇宙空间一样容易。其实就连地球，中微子都"视若无物"。我们之所以能够探测到中微子，是由于它偶尔会与其他的原子或分子相撞，并产生少量其他微粒，但我们从未得见中微子的庐山真面目。

中微子"射电望远镜"一般位于地下数千米处的矿井中，几乎没有任何干扰，使用清洁液或其他相似物质作为检测介质。此类设备可用于探测太阳中微子，但探测到的数量极低，即使探测器随着地球转到了另一侧，太阳中微子仍然可以穿过地球并被探测到。

世界顶级中微子探测器之一的位于南极的冰立方天文台（IceCube observatory）于2011年4月竣工，该探测器占地1平方千米，使用冰作为探测介质，传感器深埋于近2.5千米的地下，用以捕捉中微子与冰块撞击所产生的微弱闪光。冰既可以过滤其他粒子产生的干扰信号，又能充当探测介质。想到南极冰层深处闪烁的微光，竟与遥远宇宙空间中核反应所产生的中微子有关，还真是有点令人害怕呢。

"黑马"中微子

关于中微子速度高于光速的实验，不过是CERN的杯弓蛇影罢了。中微子在地下走过了漫长的732千米（顺便提一句，这与CERN最为著名的大型强子对撞机实验没有任何关系）之后，探测结果显示它们比预计到达时间早了0.00000006秒。目前来看，最有可能的解释是距离的测量出现了问题,截至本书定稿,还未能再次得出相同的实验结果。

除上述观点之外,另一种可能的解释是,中微子在一定程度上变通了物理学规律。彼时诸多科学研究都认为,现代物理学是建立在"光速是速度极限"基础上的,狭义相对论认为没有什么物体的移动速度可以超过光速,但不代表没有"捷径"可寻。事实上,多个设计精密的实验中已经将"粒子的速度高于光速"变为可能。

这便是量子隧穿效应所致。量子物理学的特别之处在于粒子没有确切的位置,我们只能描述粒子在不同位置出现的不同概率。这也就意味着粒子的运动并不在"我们的空间"进行。

量子隧穿似乎神秘而又遥远,其实不然。太阳(及其他恒星)的核聚变反应原理便是量子隧穿效应。核聚变反应发生时,带正电荷的质子之间的距离极近,然而即使是太阳都无法提供该距离所需的温度和压强。唯一可能的解释便是每秒钟有数十亿个粒子"隧穿"了斥力的屏障并发生聚变。

同样,在隧道效应的作用下,粒子的运动速度可高于光速。证据表明,粒子并没有真的穿过"隧道"——事实上,它在隧道的一端消失后马上出现在另一端。试想象1粒光子以光速前行1厘米,之后瞬时通过1厘米的隧道,最后以光速继续前进1厘米。因此,该光子以1.5倍光速通过了全程,即1.5c,此处"c"代表光速。

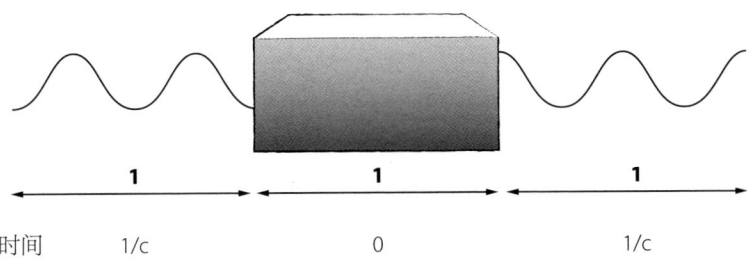

光子的隧道效应行为

我不认为中微子实验中发生了类似的隧道效应,但我相信中微子实验背后的原理与该效应是相似的,即某条绕过了狭义相对论的"捷径",但这也不意味着挑战狭义相对论本身。当然上述猜想的前提是实验本身没有任何误差,而我个人仍然认为实验存在误差的可能性最大。毕竟狭义相对论身经百战,鲜有败绩。

无论如何,中微子加入"医疗工具包"套餐,为时尚早;但"冰立方"等中微子相关的科研活动,实为天文学家之所爱。我们不知疲倦地仰望苍穹之上的点点星光;同时,也昼夜不息地借助光线(射线)内究六腑五脏。光,永远是那最终的答案。"乘着光的翅膀"——无论追逐的浩渺繁星是远在天边,抑或是近在眼前;无论你想在人体内如何恣意驰骋,天地之大,任君翱翔。

第四章
清澈的双眸

你的双眼是认识世界的不二之选,而光则是连接你与大千世界的桥梁。在本章中我们将探索人眼接收信息的容量与距离。在一个月朗风清的夜晚,仰望夜空吧,当然你可能不会在当下就觉得良机,但一定不要忘记哦。花上五分钟的时间,静下心来,赞叹造化之神奇。如果你确有闲暇,不妨坐在椅子上多看一会儿。仰望星空的体验看似无趣,实际上亦可"化腐朽为神奇"。

猎户腰带上的明珠

假设你能看到猎户座(事实上每年11月至次年2月,它在全球范围内都能被很好地观测到,通常其余时间也都能被观测到,它也是最容易被观测到的星座之一)。

尽管星座在占星学中举足轻重,但就科学研究而言,是微不足道的。当然,星座有助于我们从浩渺夜空中找寻特定的恒星。这是由于我们的大脑是通过图案（纹理）来认识和理解世界的，因此我们倾向于将点点繁星连接并"绘制"成某种图案，即便它们只是我们脑海中的想象。不管是猎户座，"W"形的仙后座，还是别具一格的南十字座，它们之所以能被我们一眼认出，便在于我们的大脑中已经有了关于类似形状的记忆。

其实，没有几个人能辨别出大多数星座的经典形象。例如，猎户座的形象应该是手持棍棒的猎人。但是，人们还是能够认出在星座中特定的几颗星所组成的图案，尤其是猎户"腰带"上近似呈直线的三颗恒星，有了它们，猎户的形象便于苍穹之上"呼之欲出"了。

星座除了扮演指针与名牌的角色之外，与天文学再无半分瓜葛。天文学甚至可以证明星座不过是我们美好的想象。在同一星座中，恒星之间的距离是那样遥不可及。例如，猎户"腰带"中间的那颗恒星与地球之间的距离，是猎户座大多数恒星与我们距离的两倍，但放眼望去，若想察觉，绝非易事。

恒星命名（系统）遵循的是1603年德国天文学家约翰·拜耳（Johann Bayer）的星图。星座中每颗恒星的名字都分为两部分，开头为希腊字母，后半部分则为恒星所处星座的拉丁属格（即某星座"的"某星），这就是拜耳命名法。理论上讲，这些恒星应该是以亮度排序的。也有例外，拜耳并未一直遵循该原则，例如，猎户腰带上的三颗恒星为猎户座 δ（Delta Orionis）、猎户座 ε（Epsilon Orionis）和猎户座 ζ（Zeta Orionis），但它们不是按照亮度排序的，而是按照字母表顺序由北向南排列的。

那些不在星座中的恒星，它们的命名通常是字母与数字的无聊

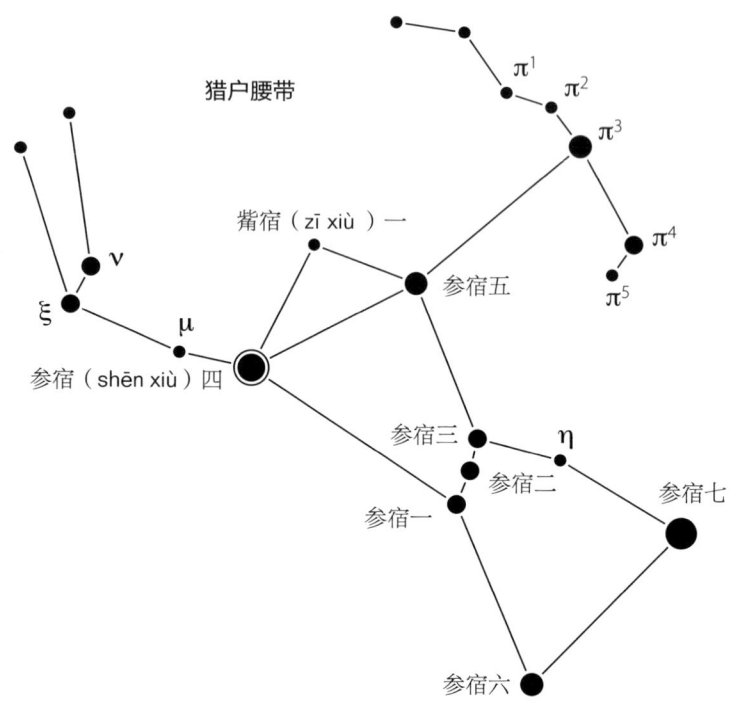

猎户座

组合。另一波迷惑操作是,那些我们更熟悉的恒星通常都有昵称。人们提及这些恒星的时候,往往会使用它们的昵称,而非拜耳名。例如,猎户座中最亮的恒星(即全天第六亮①的星,见本书猎户座图中右下角),尽管它的拜耳名是猎户座 β(Beta Orionis),但人们还是对参宿七(Rigel)这一名字更为熟悉。

与之相似的是,猎户座中第二亮的星——猎户座 α(Alpha Orionis)(见本书图中左上角),我们更熟悉的名字是参宿四

---

① 一说参宿七为全天第七或第八亮的星,此处尚有争议。——译者注

（Betelgeuse）。它同样位列全天十大亮星之一，而且有着明显的红色。参宿四是已知最大的恒星之一，也是一颗红超巨星。如果将参宿四放置于太阳系中心，它的表面甚至可以抵达木星轨道。

如果你能看见猎户星座，希望你能仔细端详猎户腰带中间的那颗恒星——猎户座 ε（Epsilon Orionis），也就是我们常说的参宿二（Alnilam）。考验你"眼力"的时候到啦。

仰望夜空，你会发现有些恒星（以及至少一颗行星）闪烁着不一样的光彩。在一个万里无云的夜晚，请你花几分钟时间，驻足于星空之下，领略它们的美。一段时间过后，你的双眼会变得敏感，能识别出夜空中几颗呈红色或稍显蓝色的恒星。如果你看到了一颗有着鲜艳红色的耀眼恒星，先别激动，它可能根本就不是什么恒星，只是火星而已。

参宿二（Alnilam）是猎户座中距离我们最为遥远的恒星，但由于它是一颗明亮异常的蓝巨星，我们恐怕很难意识到它距离我们竟是如此遥远。按照恒星尺度计算的话，参宿二非常年轻——只有大约400万岁（试参考45亿岁的太阳），它距离地球约1,340光年。

回望昨天

上文已经提到，1光年是光传播1年的距离，鉴于光速的数值为300,000千米/秒，光年是数值极高的长度单位。参宿二距离我们12,686,155,200,000,000千米，而人类踏足最远的地方便是区区385,000千米以外的月球，可见，在不远的将来，我们仍没有机会拜访参宿二。但是，在不借助任何技术手段的前提下，我们睁大双眼望向正确的方向，便可亲眼看见12,686,155,200,000,000千米以外的物体。恐怕你会不由得赞叹——自己的双眼是何等绝妙的观测机器啊。

观测猎户座之类的星座，另一奇怪之处则在于"时间滞后"。由于光传播到地球需要一定的时间，我们现在所观测到的恒星，是它们发光时的模样，而非这些恒星当下的形态。猎户座中主要的几颗恒星与我们之间的距离是不同的，因此我们现在看到的是过去不同时间点的它们。例如，我们现在看到的参宿二，是约1,340年前的参宿二，在地球上便是公元7世纪的光景。试想象，参宿二发出的光，在向我们传播的一千多年时光里，地球上发生了何等翻天覆地的变化，多么不可思议啊。

是波，还是粒子？

我们先来回顾一下，光从参宿二发出到被你观测的整个过程。光是由携带能量的（极小）非实物粒子构成的，这种粒子名为光子。你很可能在课堂中听到过，光是一种波，这是你认识光的理想视角，毕竟光子本身就有着波动性。参宿二发出的那束光线也是一束光子。

光的波长和频率是其波动性的体现，而光子携带能量则是其粒子性的体现。我们的眼睛感知色彩，便是由于光子落在电磁波谱某处。电磁波范围很广，从无线电波到微波，从可见光到包括X射线和伽马射线（γ射线）在内的高能光子。

光子的行为之所以表现出波动性，是由于它们的"相位"①随时间呈周期性变化。打个比方，每一粒光子都有其内置的"小时钟"，时钟的指针在360度地飞速旋转。无论何时，光子（光）的相位都指向某一特定方向，而该方向与波的振动方向是匹配的。

恒星内核的爆炸

你的眼睛接收到的光子，穿越了茫茫宇宙空间，是由恒星内核的核聚变反应产生的。在太阳这样的恒星中，氢原子核（即氢原子的中心一小部分）会合并在一起，生成质量排行中的下一个原子——氦。这个过程会损失一小部分质量，而该质量则会转化成能量，此时遵循的便是科学界最负盛名的方程式：$E=mc^2$。

这一方程告诉我们产生的能量是何等惊人，"c的2次幂"中，底数"c"表示的是光速。因此，再小的质量也能产生巨大的能量。此时的能量从恒星内部以光子（或其他粒子）的形式释放出来。几乎是在释放的瞬间，这些光子就会与其他微粒碰撞并被吸收，之后被再次释放，这一过程将不断持续下去，直到光传播至恒星表面。一粒光子，从它在恒星中生成的那刻算起，直到到达恒星表面，可能已经过去了100万年。

参宿二中的情形则略有不同。由于该恒星燃烧的速度极快，且反应过于剧烈，氢原子在反应中已经消耗殆尽，因此它正在经历其他元素的生成过程，当然最终的效果是一样的。光子在恒星深处经

---

① 振动点对于平衡位置的相对位移。包括振动点距离平衡位置的长度，以及运动的方向。波动中的两点，只有距平衡位置长度相等、运动方向相同，才是同相位的。

历了一系列的释放和吸收之后，最终会出现在恒星表面。经过数十亿次释放与吸收的轮回，它携带的能量大大降低。光子最初的能量要远高于可见光，甚至高于伽马射线。而现在能量已经降至可见光谱的范围，并且"一头扎进"广袤无垠的宇宙空间中。

1,340年的漫长"星际迷航"

自光子离开恒星表面的那一刻起，除非它"驾鹤西去"，一路上便可谓是势不可挡。光一定是以特定速度传播的，否则就不可能存在，因此光以300,000千米/秒的速度在宇宙空间呼啸而过。从参宿二发出的光子，绝大多数都不会到达地球，只有极少数光子（包括刚才讨论的那颗）会朝我们"飞来"。

我们来一起从今天往回数1,340年吧。在过去1,340年的人类历史长河中，一颗小小光子穿过宇宙空间，最终抵达地球大气。它如果足够幸运，可能就不会被空气中的分子吸收。事实上，很多光子被大气吸收了。因此，哈勃卫星等空间望远镜所拍到的照片，要比从地球上拍摄的效果好很多。地球表面的大气层意味着总有一部分光在传播过程中发生损耗。尽管空气中的分子在吸收光子之后，还会将它们释放出来，但是有些光会由于散射而"消散在风中"，另一些原本朝我们"飞来"的光子，传播的路径也会有所偏转，所以这些恒星会看上去"一闪一闪亮晶晶"。

最后的最后，光子会到达你的眼睛。这颗光子可能正是1,340年前离开参宿二的那颗。它在过去1,340年的岁月中翱翔天际，直到到达你眼睛的那一刻才销声匿迹。如果你戴眼镜的话，可能光子

"灰飞烟灭"的一刻会来得更早一些。这是由于光在玻璃等介质中传播时，可能会经历数次的吸收和释放。如果你不戴眼镜，看到的就不再是同一颗光子。光子吸收和释放的过程也会在你眼睛内部发生，最后被你眼睛中的光线感应器所接收。当然，触发这一过程的光子的的确确穿过了1,340光年的宇宙空间，"只为在人群中看你一眼"。

扭曲的透镜

最终，一粒光子会到达你眼球后部的视网膜，加之其他来自参宿二的光子，它们在人眼的聚焦效应下，会落在你视网膜上的一小块区域内。人眼透镜和其他光学器件是一样的。光在不同介质间传播的过程中方向会发生改变，因此成像也发生了改变，这个过程称为折射。

> **实验：弯曲的铅笔**
>
> 将一只茶杯或玻璃杯的2/3盛满水（根据个人经验，直壁式玻璃杯效果最佳），并将一支铅笔放入玻璃杯，铅笔的两端都要靠在玻璃杯壁上，其中一端要接触到玻璃杯底。仔细观察铅笔与水面相交的那一点，你会发现铅笔似乎发生了轻度弯折，水中的铅笔向上弯折后距离水面更近，位置好像也变高了。当然，偏折的程度并不高，但确实是清晰可见的。这是光从空气射入水中，发生折射的结果。该过程与光从空气射入玻璃并发生折射（光在玻璃中发生折射的程度更高）的原理是相同的。

对于上述现象的传统解读，往往关注的是光在人眼中传播速度的降低，正如光在玻璃透镜或者水中的传播速度也会下降一样。为保证光子在传播过程中携带的能量不变，单位时间内接收到光的频率会升高，即光来得更"勤快"一些。试想象一束光以某一角度入射至玻璃内，它的频率就会升高。同样是这一束光，如果仍在空气中传播，那么它的频率就保持不变。这也就导致了传播路径的偏折。

量子理论对于光和物质的观点是大相径庭的。该理论认为，光子会通过每一条可能的路径，而且每条路径都有其对应的不同概率。上文我们提及了"相位"这一描述光的特性的概念，光子在沿某一路径传播的过程中，相位会随着时间的变化而变化。沿不同路径向玻璃传播的光子，在进入玻璃的瞬间，相位是不同的。

如果你想了解这一过程究竟发生了什么，则需要将不同相位的光叠加。两束相位相反的光叠加后便消失了；最后叠加态的光中光子的相位都大致有着同一个方向。叠加后的光在传播时选择的路径，便是光子通过时间最短的。尽管某一粒光子理论上是有可能通过任意路径的，但在平均意义上，光子会选择最省时的那条路径（说明光子其实很"懒"，我们在下一节会给出更科学的解释）。你可以将其理解为"抄近道"，即选择呈直线的那条路。这些选择在你的日常生活中也是常见的，但也有例外情况，比如你的导航仪可能会建议你选择距离稍长的快速路，而非最短的乡间羊肠小道。

海滩救生员操作指南

无论是从空气向水传播，还是从空气向玻璃传播，光的行为均可使用"海滩救生原则"来描述。试想象，海滩上身着红色救生衣的救生员发现了一名溺水者，此时的救生员可能会下意识地沿直线冲向溺水的人。但这并不是最佳路线。最优解应当是在岸上多跑一段距离，如此一来在水中游泳的距离便会缩短。毕竟人的跑步速度是要比游泳快得多的，适当增加跑步距离便可缩短救人所需的时间。

当光从空气进入另一种密度较高的物质（例如玻璃或水）时，遵循的是相同的规律。由于光在玻璃中传播的速度较慢，若适当增加光在空气中传播的距离，并适当缩短光在玻璃中传播的距离，光传播的总时间便会缩短。光沿"救生员路线"传播的时间最短。

"海滩救生原则"成立的前提是光在玻璃中的传播速度较慢，但光速降低实现起来其实没有那么容易。事实上，光要么以同一速度在不同种介质中传播；要么"灰飞烟灭"，不复存在。量子理论向我们解释了为什么光速确实变慢了。光子在任意时刻都与物质发生相互作用，尤其是与原子的核外电子。当一粒光子接近一粒电子的时候，电子会将光子的能量吸收，自身转变为高能状态。

通常而言，电子在新的高能状态下不会非常稳定，它能很容易从高能级跃迁至低能级，并且释放新的光子。该光子可能会与之前吸收的光子一样，沿着同一方向传播，但也可能改变方向。通常而言，在透明物体中，重新释放的光子会沿同一方向继续传播，以直线通过这些物体（玻璃或其他物质）。但是，光子通过的时间会变长，毕竟要经历吸收和释放的过程，而这个过程又是不可避免的。因此光传播的速度降低了。

在不透明物体中，光子进入物体后会从另一个不同的方向被释放出来。我们之所以能看到该物体，是由于新的光子传播到了我们的眼睛里。从前，人们认为是光照射到物体表面并发生了反射，就好像球从墙面弹回来一样，事实上光经历了吸收和释放的过程。多数物体都能永久性地吸收某一特定颜色的光，并转化为热能，且对该颜色的光的吸收能力强于其他颜色的光。我们看到的物体颜色取决于光被物体完全吸收后释放出的（几种）色光（的叠加）。例如，如果一个物体吸收了彩虹光谱中除红色之外的颜色，只释放出红色，我们看到的物体就呈红色。

通过"扁豆"透镜看世界

你眼睛里"透镜"（晶状体，lens）的形状与扁豆（lentil）是相似的，"透镜"（lens）一词由来自此。光子从透镜前的一个光源发散并通过透镜后，会重新聚焦于透镜另一侧的一点上。透镜的弧度意味着，不同光子会以不同的角度到达透镜，随后发生偏折，并再次聚集于同一点。你眼睛里的"透镜"便是通过上述过程将光子聚焦于视网膜上的，这就是人眼成像的原理。

唯一的问题在于，透镜在处理不同颜色光的时候是有缺陷的。光偏折的程度取决于它的颜色，因此棱镜可以将白光分解为彩色光带。使用传统的凸透镜时，蓝光偏折的程度最高，而红光偏折的程度则低一些。因此，通过普通透镜看到的图像边缘是有彩虹光带的。

通常使用如下两种解决方案。第一，使用组合透镜，即通过凹透镜校正；第二，使用平面镜，平面镜也可以将不同位置发出的光线聚焦于同一点，但不同颜色的光无法分解。这也部分地解释了为何绝大多数的天文望远镜在采光时，都是选取平面镜而非透镜。（同倍率时，反射式望远镜比折射望远镜的镜筒要短得多。）

爱丽丝[①]的神秘镜中世界

从量子层面看，不管是光的镜面反射，还是光在不透明物体表面的反射，上述两个所谓的"反射"过程，与球从墙面弹回来的反射原理都是风马牛不相及的。当光子撞击到镜面的时候，它可能以任意角度返回。（请你注意，光子根本不会弹回来，每一粒光子都会被镜子吸收，之后又会有新的光子释放出来。当然从效果来看是发生了反射。）

试想象，一束光到达镜面后又"弹到"你的眼睛里。量子理论认为，光子的运动并非严格遵循你在学校学过的光路图中的"入射角等于反射角"。光子沿不同路径传播时有着不同的概率，它有可能到达镜子的任意位置，并以完全不同的角度"弹到"人眼中。每一粒光子的相位都随着时间变化，如果你将光子沿不同路径传播的概率叠加，多数相位会相互抵消。最终呈现的结果便是光沿着时间最短的路径传播，此时入射角与反射角相等。

---

① 爱丽丝是刘易斯·卡洛尔（Lewis Carroll）创作的一部奇幻文学作品中的人物。——译者注

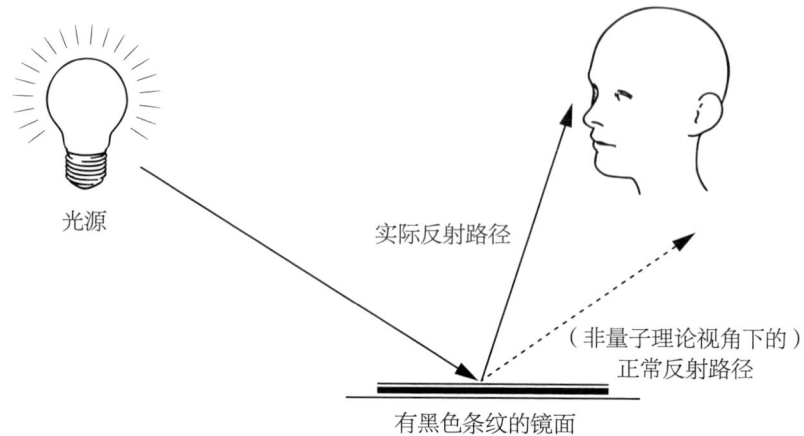

光在带有黑色条纹镜面上的反射行为

可以证实的是，光沿不同路径传播的概率会叠加并相互抵消，但不代表这些传播路径不存在。切割镜子并将中间部分的镜面裁掉，只留下两侧的两条，这时你显然就看不到中间裁掉部分反射的光了。如果选取相位叠加部分的镜面，并将其余部分的镜面用黑色纸条遮住，使之成为条纹状镜面，这时候镜子就又可以反射了，哪怕反射光的路径于我们而言是反直觉的。

有量子效应"坐镇"，即使没有镜子和纸条，我们同样可以体验到"魔鬼"角度的反射。将贴有黑色纸条的镜子摆放得偏一些，向镜子照射白光，由于白光既是可见光，又是混合光，不同颜色的单色光会以不同的角度被反射出来，这时候你就能看到彩虹。理论上讲，我们每个人都拥有这样一面独具特质的镜子——一张CD或DVD光盘。将光盘翻过来，背面向上，向光源倾斜，你会看到彩虹花纹，这是由于光盘表面烧蚀的一排排凹点提供了不同概率光的传播路径，这时候不同颜色的光就会以"奇奇怪怪"的角度反射到你的眼睛里。

眼中华彩

镜子是聚焦光线的不二之选，而且不会将复合光分散成多种颜色。但是人眼中如果"配置"的不是透镜，转而使用镜子的话，恐怕人眼就无法运转了。如果使用镜子，你的眼睛恐怕是无法接收到参宿二（或其他光源）发出的光的。因此透镜是人眼的"最佳拍档"，但使用透镜也就意味着色差的存在。如果你能看到自己眼睛内部的透镜产生的图像的话，会发现图像的颜色是失真的，边缘也模糊不清。但我们随后就会了解到，大脑可以根据接收到的信息构建出最佳的图像，于是在成像的过程中色差效应就消除了。

因此，巧妙地将不同颜色运用至同一件艺术品上即可产生立体（3D）效果，或者使眼睛不适。例如，阅读蓝色背景上的红字会非常不舒服。红蓝对比太过强烈，此时色差过大，你的大脑无法像平时一样有效地处理接收到的信息。

实验：人眼透镜

如果你想查看大脑无法处理强烈色差的案例，请登录本书英文版（*The Universe Inside You*）官网：www.universeinsideyou.com，在"实验"（*Experiments*）栏目中点击"人眼透镜"

> （The lenses of your eyes），试查看两个不同版本的"Illusion"[①]这一单词，可能你无法详细描述它究竟是"何错之有"，由于你的大脑在努力处理视觉上极端的像差信息，确实你会感到一定程度的不适。

另外需要注意的一点是：你的眼睛是看不到光的。这似乎是无稽之谈，但我想表达的是，你不能以"看到一棵树或一条狗"的那种方式来"看到光"。光传入视神经，才能产生视觉。我们能看到物体，是由于它们发出或者反射了光，而光子进入了我们的眼睛。但光子不能撞上其他光子之后再弹回来，因此你无法看到光的传播。

同理，你周围的空间布满了一张张相互穿透的可见光与其他不可见电磁辐射的网络，太阳光、人造光、无线电波、电视信号、手机信号、无线网络信号，它们的实质都是一样的。如果这些"光线"之间互相碰撞、弹来弹去的话，是无法为我们所用的，甚至我们连可见光也看不到了。如果你在黑色管道的一端放置一个光源，保持光传播方向与管道平行，从侧面，即与管道垂直的方向观察，你什么都看不到，通过管道的光线是完全隐形的。除非管道中的某些物质将光散射，使光偏离了之前的传播路径，例如在烟雾效果中使用激光投影机，这时候你就能看到光束了。

[①] 本书原文处为查看"Illusion"这一单词，但经译者查询官网，目前应为"Not nice to read"。——译者注

收集小小光子

视网膜在你眼球的后面,它是一面特制的屏幕。当你仰望夜空之时,参宿二的光便会投射到你的视网膜上。视网膜上覆盖有大约1.3亿个微型感受器,这些感受器分为两类:视杆细胞和视锥细胞。视杆细胞接收到的信息是黑白的,它们大约有1.2亿个,而且它们比三类感受光颜色的视锥细胞要敏感得多。光强低的时候,视锥细胞就不工作了,我们看到的世界便是黑白的。如果不展示给各位看的话,可能很多人都不会相信。

如果你对自己双眼在低光强时识别色彩的能力存在疑问的话,不妨走进一间带有全黑幕布的房间,或者等到天黑之后拉上普通的窗帘。在房间中坐上一两分钟,等待自己的眼睛适应此时的光强度,如果你什么都看不见,可以将手电筒放置于床罩或垫子下面,这样就会有少量光线透出来,但又没有任何物体被真正照亮。

现在,环顾四周,观察你的衣服、皮肤,以及身边的物品。即便并非完全置身于黑白影像,你也没有办法识别身边物品的颜色。如果能看出物品的颜色,说明光线太过充足了。将光调暗到自己几乎什么都看不见的程度,重复上述步骤。

色觉的工作原理是红、蓝、绿三原色的混合,组合后便可形成各种色。你可能会说,之前学到的三原色是红、黄、蓝,其实你学到的是错的。事实上,红黄蓝是简单化的、便于小孩子理解的二次色——青色、洋红色、黄色。上述二次色是由原色组合而来的。此外,由于色素会吸收原色光,因此表现出的几种主要颜色其实是二次色,而非真正的原色。

夜间视力与色觉是大不相同的，它只能表征亮度。但我们拥有一块明视觉与暗视觉的重合区域，称为中间视觉。当你处于中间视觉状态下，会认为自己看到了光谱上从未有过的颜色。中间视觉起作用时，你可能会觉得自己看到的物体有些奇怪。这也可以解释为什么黄昏时会出现鬼魂等其他视觉现象。这时候眼睛很容易误导我们，因为处于竞争状态的明暗两个视觉系统都在向大脑传递信息。

识别颜色的视锥细胞聚集于眼睛中部，因此，当光线非常弱的时候，不直视反而能更好地看清物体，这时候起作用的是边缘大量的视杆细胞。眼睛的这种独特结构似乎是用于在夜晚观察埋伏在周围的捕食者。三种视锥细胞分别用于处理红、蓝、绿三种颜色，当然这些细胞实际处理的颜色在光谱上是有重叠的，但不同细胞灵敏度峰值的位置是不同的。并非所有动物都有这样一套"传感器装置"。有些动物是色盲；另一些动物，例如狗，由于只有两类视锥细胞，因此色觉辨别能力稍弱。

从光到视觉

回到刚才我们所说的那颗光子，它从参宿二出发，穿越宇宙空间，降落到你视网膜的背面（眼睛中的接收装置竟然是前后颠倒的，最敏感的细胞反而位于视网膜最后一层，这很可能是进化过程中的失误）。每个感受器的表面都有一套"感光"分子。上述分子中的电子吸收光子后会产生微小电荷，这里也是电信号传输至大脑的起点。

有些信号在到达你的视神经之前就已经被合并了，神经纤维的数量要比感受器纤维的数量少很多，因此，信号在传输至大脑之前就已经在人眼中经过了预处理。一般情况下，右眼接收到的信息会传输至左脑半球，而左眼接收到的信息则会传输至右脑半球。但也有特定比例的神经纤维是交叉的，此时，右眼接收到的部分信息会和左眼信息一起被处理，这就是三维视觉。例如，鸟类的双眼与我们人类相比，工作的时候相对更加独立，因此交叉的视神经纤维更少。

当前阶段的传输都是通过电信号实现的，大脑中的不同模块，处理的是不同类型的视觉信息。大脑中的模块（并非大脑的不同部分，而是对应不同功能），有的负责运动检测，有的负责细节信息选取，有的负责模式识别，还有的负责形状识别等。

最初的信息加工结束之后，大脑会接收到一系列信息以构建你看到的图像。你脑海中的画面是一片夜空，而你的目光聚焦之处便是参宿二。此种成像方式与拍照片截然不同。你所"看到"的是大脑根据接收到的信号进行加工后人工构建的图像，没有纯粹的一张照片来得"真实"。

"人造"世界

视觉的"人工性"可以为我们解释视错觉产生的原因，大脑构建的关于某物体图像其实是大脑认为的样子，而非该物体实际呈现的、光学意义上的图像。例如，物体在你视网膜上的投影是上下颠倒的，而你的大脑将方向调整了过来。如果你想目睹自己大脑的小把戏，不妨戴上一种特制的眼镜，将你的视觉颠倒过来。几个小时之后,你的大脑无法继续"容忍"这种颠倒,会自动把图像的方向调整回来,这时佩戴者就会看到倒立的图像又恢复正常了。

实验:大脑"迷惑行为大赏"

现有一个简单例子,说明你大脑用于识别形状和明暗的复杂机制也会产生错觉。

棋盘阴影的视错觉

我们对棋盘的布局已经非常熟悉了,我们的大脑也已经非常了解该如何处理(圆柱体投射的)阴影信息。但本图特殊的呈现方式使你的大脑错误地解读了上述信息,即方块A比方块B的颜色要深得多。事实上,A和B的颜色是一样的。

如果你难以相信,不妨把书页折叠,将两个方块挨在一起,以便对比观察。于是乎，你会发现，它们的颜色确实是相同的。如果你是爱书之人，不希望书有任何折损，也可以访问：www.universeinsideyou.com，在"实验"（Experiments）栏目中点击"棋盘实验"（Chessboard experiment），实验视频中会将方块A下移，此时你会发现A与B的明暗度确实是相同的。

你的大脑欺骗你的另一个例子便是脑中的图像不存在视觉盲点。由于视神经与视网膜相接触的地方没有感受器，你眼球上的这个部位其实是不工作的。但你的大脑可以将双眼输入的信息加以整合，此时盲点就消失了。与此相似的是，你仰望夜空时接收到的视觉信息似乎是稳定不动的，实际上你的双眼会定期地小幅快速移动，即扫视。

眼球的移动会帮助你构建关于身边世界更为细致的图像。扫视的速度是非常快的，在你身体外部"零件"的速度排名中首屈一指，眼球转动大约10°只需1/100秒。如果能看到自己双眼接收到的真实信息，你会发现一切都是模糊且不停跳动的，因此是你的大脑剔除了那些不需要"看到"的信息。

量子现实

前文已经提过，穿过宇宙空间进入你眼睛的光子是一个量子态粒子。但这究竟意味着什么呢？我们经常听到"量子"这个名词，但并不清楚大家谈论的究竟是什么。量子这个词已经被"用滥"

了，不管是声称具备"量子振动疗法"的稀奇古怪的产品，还是诸如"量子跃迁"之类的表达，都是将"量子"二字安在自己头上。

在物理学领域，"量子"二字表示最小份的某种东西，或者说，它是一小包东西。我们知道，这一名词最初是用来描述光子的。但在如今的量子态粒子和量子物理范畴内，"量子"二字指的是一门研究微观粒子以及粒子行为的科学。

20世纪初叶，科学家炙热而好奇的目光开始投向量子的世界。之后不久，人们发现在量子的"爱丽丝仙境"（Alice in Wonderland）中，构成物质的微观粒子的行为与宏观物质本身的行为是不一致的，并不像我们日常生活中那样——物体的较小碎片与物体本身的行为是如出一辙的。我们抛出一个球，便能精准预测它随后的行为（需要有足够的信息）。但反观量子态粒子，我们只能预测关于它移动位置和方式的概率。除非通过测量手段确定了粒子的某项性质，否则我们知道的就只有概率而已。

杨氏双缝

量子奇异性中最为简单的例子，莫过于19世纪初的一项实验，即杨氏双缝实验。该实验用来"证明"光是波，使用密集光束照射距离很近的两条狭缝，从两条狭缝中发出的光投到一定距离后的挡板上。挡板上出现的并非两条狭缝分别对应的两条光带，而是一组明暗相间的条纹。

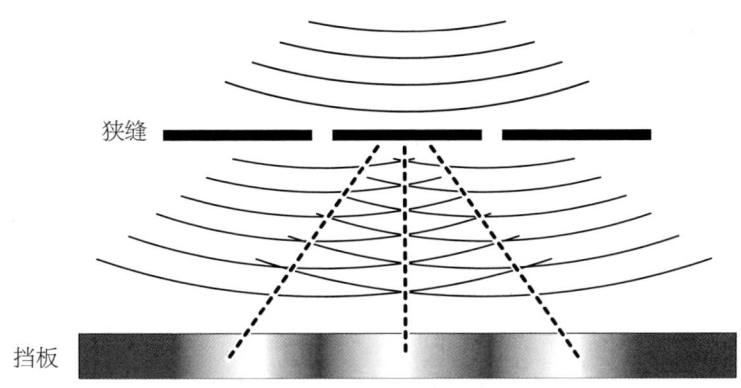

杨氏双缝实验

该实验用于证明光是一种波,原因是那些条纹看上去是一种干涉图样。当水波发生重叠的时候,你可以看到有规律的图样。当两波的波峰同时抵达同一点的时候,会产生正向的叠加。同理,当两波的波谷同时抵达同一点的时候,会产生相反方向的叠加。但是,如果一波的波峰与另一波的波谷同时抵达同一点,它们会相互抵消,水面"波澜不惊"。这就是干涉。如果光波的行为与之相同,那么挡板上的暗条纹便是相消干涉,而亮条纹则是相长干涉。

粒子似乎是不会发生这类干涉的。试想象将一些小沙粒通过两条缝隙扔到一幅屏幕上,恐怕不会形成什么图样。而我们现在已经知道:光是一束光子。那么,光子到底是如何形成干涉图样的呢?即使你将光子逐个通过双缝丢向屏幕,最终也能形成干涉图样,令人啧啧称奇。单个光子究竟是如何产生干涉行为,并形成明暗条纹的呢?

量子奇异性可以解释这个问题。原因是每一粒光子都可以通过两条狭缝，而且与自身发生干涉！请你记住：每个量子态粒子都被认为可通过从A到B的每一条可能路径，而每条路径对应的概率是不同的。由于量子态粒子本身没有确切的位置，有的只是不同位置概率的加和，因此单个光子可以通过两条狭缝。光子位置的概率以波的形式传播，实际上是粒子的概率波发生干涉，形成了干涉图样。

如果你在实验中使用特殊的探测器来指定每个光子通过的狭缝，并且保证光子的顺利通过，此时干涉图样消失了，挡板上只能看到两条光带，与上文提到的使用小沙粒进行实验的效果是一样的。如果使用测量手段来确定光子的位置，而非任由光子通过一系列概率不同的路径，此时一粒光子就不能通过两条狭缝了。我们观察一粒光子也就足够了，因为光子的行为完全发生了改变。

不确定性"君临天下"

量子理论似乎晦涩难懂，但请记住，每当你的双眼注视某物的时候，经历的都是一个量子过程。事实上，你的身体是由原子构成的，而每一个原子又是由量子态粒子构成的。用于描绘量子态粒子的术语，最为著名的恐怕非"不确定性原理"莫属了。我们可以将其解读为——量子的世界中，没有什么是确定的。但"不确定性原理"本身并不是什么哲学概念。不确定性原理（该原理由德国科学家海森堡提出，因此有时也称为海森堡不确定性原理）所表述的内容仅为：关于单个量子态粒子的、一组相互关联的两条信息，你对其中一条了解得越多，另一条就了解得越少。例如，对于粒子位置的信息你了解得越准确，对于其动量（该粒子的质量与速度的乘积）的信息你便了解得越不准确。如果你能确切得知某一粒子的动量，它则可能处在宇宙中的任意位置。

欲描述不确定性原理，不妨想象用相机记录下来某颗粒子。如果你以极高的快门速度拍摄照片的话，照片中的粒子是"冻住"的。此时你能很清晰地看到粒子是什么样的。但你无法描述其运动方式：它可能是静止的，也可能是飞驰而过的。相反，如果以极低的快门速度拍摄照片的话，照片中的粒子则是细长而模糊的影子。此时你无法清楚地得知粒子是什么样的，但照片可以清晰展现出粒子运动的速度究竟有多高。因此，动量与位置二者之间的不确定性，也是此消彼长的关系。

难解难分的纠缠

在量子水平上，有很多（很多哦！）让你惊掉下巴的情形，但我只想简单介绍一下最为著名的量子纠缠。量子纠缠指两个量子态粒子可以关联在一起并形成一个整体，其中一个粒子可以近在眼前，而另一个可以远在数光年之外，两个粒子之间的关联可以通过某些特性来体现，例如自旋。

量子自旋很有意思，它并不表示一个粒子像地球那样转个不停，而是用数值来测量并描述一个粒子。如果测量两个粒子中的一个，它的数值只可能有两个，或正或负。此外，测量之前，你只能了解不同的概率，而在测量之后，你才能得知粒子自旋量子数的数值。

例如，粒子有一半一半的概率处于上旋或下旋的状态。因此在测量时，有一半时间粒子的自旋值是正的，而另一半时间粒子的自旋值是负的。除非使用测量手段，否则你无法确定它究竟是哪一种状态，因为此时粒子的状态为叠加状态，即同时处于上旋和下旋的状态。类似于光子，在你确定光子的位置之前，它是有可能选取任意路径通过的。

试想象，我们将两粒上述量子态粒子关联在一起。当我们测量其中一个量子自旋的时候，便能确定另外一个粒子有着相反的自旋。（我们有一系列手段均可实现这一目标，最简单的莫过于同一时间从同一对电子偶生成两个光子。）

下面分享一个鬼点子。你可以将两个粒子分离，越远越好。一个送往"天尽头"，你可以测量另一个"安土重迁"粒子的自旋，如果"宅在家"的粒子是上旋的话，那么你便可以确切地得知远方的那个粒子是下旋。

这似乎没什么大不了。毕竟，不难想象将一英镑硬币沿着边缘锯成两半，你就会得到两枚"半个硬币"，一枚只有正面的图案，另一枚则只有反面的。闭上眼睛，将其中半个放进自己的口袋，另外的半个则送往遥远的宇宙空间。随后，睁开双眼，掏出口袋里的硬币，它是正面的那半个哦。这时你会不假思索地得出结论：远方的那半枚硬币上的图案是背面。并不是什么所谓的"黑科技"啊。但量子态粒子的原理是全然不同的。

早在你把硬币劈成两半的时候，就已经决定了究竟是正还是反。然而对于处于纠缠态的粒子而言，它们的自旋数没有确定的值。在测量的时候，粒子究竟是正是负，都有着50%的概率。上述两个粒子原本就是"协调的一体"。当你测量其中一个粒子时，它随机地处于"上旋"状态,而另一个粒子呢,不管相隔万水还是千山,则会立即转为"下旋"。两个粒子可以即时地穿越宇宙空间发送信号。我们通过实验想要一探究竟:粒子在被测量之前,到底是已经存在隐藏信息,还是在测量时才展现出某种特性呢?结果表明,不存在任何"秘密数值"。

对上述机制加以利用,便可以向宇宙中的任意位置实时发送信息。但理论上讲,用这种通信手段发送的信息没什么用处,通过这一诡异的关联所发送的信息是随机的,因此也就失去了意义。你无法决定粒子究竟是处于上旋还是下旋的状态,上下旋是随机的。

即便如此,量子纠缠所传递的信息,也可以将许多"不可能"变为"可能"。例如:数据通过量子加密,安全性得到提升;从前要花费和宇宙寿命一样长的时间来解决的传统问题,可以交给计算机通过量子算法来解决;再比如,量子隐形传态(quantum teleportation)[①],即《星际迷航》(*Star Trek*)中传送的袖珍版本,无论海角天涯,它都可以生成单个粒子或粒子集合体的拷贝。

量子碎片的集合体

恐怕量子理论的终极悖论莫过于人体了。正如我们所见,人体是由量子态粒子构成的,你体内的每一颗原子都是一个量子态粒子的集合。在人体内,感觉的传输是依靠电信号和化学信号的传导实现的,这些过程离不开量子态粒子的参与。遥远的参宿二发出的

---

① 不传输粒子而把其量子态从发送者传给接收者,在这个过程中,这个粒子的状态将发生变化。——译者注

微光，正是穿越宇宙空间的量子态粒子；而正是由于量子过程的存在，你的眼睛才能将这一切捕捉。

你的身体是一台量子机器。你的所见所感又显然是一个非量子的世界。在这个世界里，并非概率为王，每个物体都有着确切的位置。可我却不能解释个中原委，也没有别人能解释，不管是学富五车的物理教授，还是目不识丁的乡野村夫，概莫能外。究竟为什么——构成现实世界的量子基石，是以一种方式运行的，而宏观世界中的日常生活，使用的又是另一套规则？现在的我们只能耸耸肩，感叹一句"爱莫能助"了。

沐浴星河

回望夜空，如果你身处北半球，目之所及，还有另一个值得一看的星座。提到辨识度最高的星座，一定少不了仙后座。人眼对于图案的识别能力又一次发挥了作用，五颗最亮星组成了一个大大的字母"W"，你很难对它视而不见（但你可能会认为这五颗星更像字母"M"）。

但现在我们要说的并非仙后座本身。

如果你把仙后座看成字母"W"，顺着第二个"V"箭头所指的方向，移动与仙后座跨度相当的距离，此时你会看到一个不太明显的星座——仙女座。用裸眼观察，可以勉强看到一小片模糊的光亮。使用一副性能良好的双筒望远镜观察，你会发现它根本就不是什么普通的恒星。

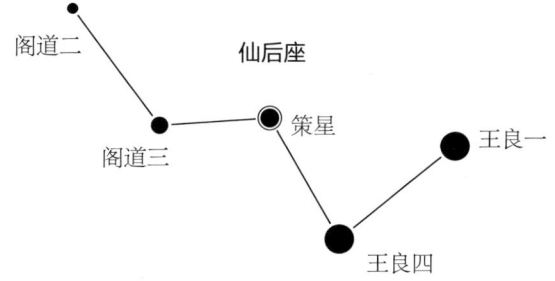

仙女座星系方位图

你若能看到那一小片光亮，说明已经达到人类裸眼观测的极限了，这无疑是一场视觉盛宴。若隐若现的仙女座星系是距离我们银河系最近的星系，以星系为尺度，"近"只是一个相对概念，仙女座距离我们250万光年。现在到达你视网膜的光子，回推至它从遥远的星系出发的那一刻，那时候人类还不存在，我们还未踏上进化的漫漫长路。你双目之所及，远得难以想象。

人眼是绝佳的光感受器，数个光子即可触发人脑信号。但人眼是有局限性的。不管是仙女座,还是宇宙空间中的其他恒星,它们向你发出的光,你只能看到其中的一小部分。人眼能接收到的只是光谱中的一小部分。

尿,暗夜里的光

对于其他动物而言,它们的可见光谱比人类的稍宽。例如,许多鸟类都有对紫外线敏感的视锥细胞。有了这类视锥细胞的助力,天空中翱翔的鹰在捕食小型哺乳动物的时候就会方便得多。对于鹰来说,不管是捕食家鼠、田鼠还是尖鼠,都有一定难度,因为这些小动物在普通光照下,借助野草可以伪装得很好。但它们会不断排尿,而尿液则会发出紫外线,鹰并非只瞄准猎物本身,更多的是先观察尿液的痕迹,再伺机俯冲。

其实你也可以看到紫外线,但属于间接观察,荧光物质的发光特点似乎别具一格。通常而言,我们能看到某个物体,是因为它释放的光子与吸收的光子能量相同。但荧光现象属于吸收紫外光子并释放可见光子。因此,你看到的只是物体发出"额外"的光,而物体吸收的电磁辐射本身是人眼不可见的。荧光灯泡同理,灯泡内产生的紫外线会激发荧光粉涂层发出可见光。

实验:荧光反应

选取一个紫外光源。买一盏紫外灯很便宜,而且一台无信号的蓝光平板电视也可充当紫外光源。事实上,许多物品都可作

> 为潜在的荧光光源使用。只消寻找有荧光色的物品——新洗的白衬衫。洗衣时使用的白色衣物专用亮色洗衣液中的成分可发出荧光，以达到"白上加白"的效果。细心的你还会发现，越来越多五彩斑斓的杂志封面和产品包装，都会发出吸引眼球的荧光。

紫外线和可见光仅仅是光谱中的一部分。当你站在自家的花园里仰望星空之时，你也"沐浴"在不可见光的光子的"照耀"之下。光谱中能量最低的是无线电波，常用于广播、Wi-Fi和手机。其次是微波，常用于短距离通信和雷达，"微波炉"一名由来于此。随后则是红外线，它具有热效应，可被人体感知。之后才是可见光。

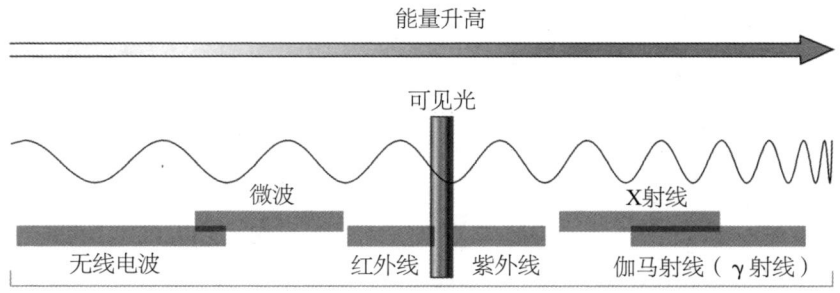

电磁波谱

与可见光相邻的是紫外线。在紫外线之后，X射线和伽马射线的能量更高。上述两种射线的区别在于它们产生的方式。X射线与普通的光的发光机理是一样的,即原子的核外电子跃迁所释放出的能量。而伽马射线则是原子的原子核能级跃迁释放的射线。这两种射线的能量范围存在部分重叠,由于一些历史原因它们都被称为"射线"。但是,它们发出的光子和光谱上其他位置的光所发出的光子是一样的,只是能量更高而已。

宇宙大爆炸残留物?

包括你眼睛接收到的可见光在内的不同种类的光子,都是从遥远的恒星"飞来"的。光源距离我们越遥远,你看到它们的样子,距离现在的时间就越久远。那些穿越了最远距离的光子,有时被称为"大爆炸回声",这个名字起得极好,它们似乎无处不在,又仿佛无处可寻。

虽然接收模拟信号(而非数字信号)的老式电视现在已经不常见了,但你很可能曾经见过它们。如果确实见过,那你应该记得某个频道没有信号时,屏幕上"白雪纷飞"的情形吧。有些干扰来自地球,另一些则来自宇宙空间。其实,这样一台电视,就好似一台业余的射电望远镜,它接收到的光子可能是大爆炸之后30万年发出的,而那已经是130亿年前的事情了。

你应该是见过射电望远镜的,至少在照片上见过,它们一般是"大盘子"的形状,直径可达数百米。这些"盘子"的作用与光学望远镜的镜面相当。从远方发来的无线电信号被它们收集,并在聚焦后被接收机接收。回到刚才我们讨论的那台电视机,电视机接收到的光子可能穿越了130亿年的时光,而天线并不一定要指着宇宙大爆炸的方向。问题来了：根据大爆炸理论，宇宙起源于一个奇点，那么这个点到底在哪里呢？

将一根手指放到自己鼻子前面30厘米处，伸出另一只手的一根手指，两个手指尖尽可能地贴在一起——你两手指尖之间的位置，正是大爆炸发生的地方。

似乎是无稽之谈。我又怎么能知道你站的地方就是大爆炸的发生地呢？

膨胀的宇宙

欲理解上述观点，需先行了解宇宙的另一奇特之处。遥望远方的星系，你会发现几乎所有的星系都在离我们远去，当然少数像仙女座（就宇宙尺度而言，仙女座真的离我们很近了，只有250万光年！）这样离我们真的很近的星系除外。你可能难以相信，我们碰巧位于宇宙的中心，也就是大爆炸发生地。真是惊人地巧合。

> **实验："充气"的宇宙**
>
> 气球可以帮助你理解为什么大爆炸就发生在你自己的鼻尖之前，以及为什么我们所处的位置就是宇宙的中心。用水彩笔在气球上画几个点，这些"点"代表星系。略微吹胀气球，观察星系间相互远离的过程。继续吹气球，再次观察，观察星系的移动。
>
> 这些代表着星系的"点"正在彼此远离，但这些"点"并没有相对于气球面移动，仍然是在同一个球面上。相反的是，气球

自身在不断膨胀。与之类似的是，宇宙中的空间本身在膨胀。因此，无论你身处宇宙的哪个角落，其他星系都在远离你所在的星系，就好像吹气球时发生的一样，但是没有一个星系可以声称自己是宇宙的中心。

下面，给气球放气，它就会越来越小，好似时光倒流。理论上讲，当气球缩回原有尺寸的时候，就会停止，不再变小了。但请你想象，气球会不断缩小，不断缩小，直到成为一个小点。在刚才气球膨胀的过程中，你可以选择任意一个"点"作为它膨胀的起点和收缩的终点。同理，大爆炸始于宇宙中的任意位置。不管身在何方，你都可以断定：这里是大爆炸发生的地方。整个宇宙都是一切开始的地方。

有些星系之所以向我们飞来，是因为它们离我们太近了，引力的吸引速度要高于大爆炸的膨胀速度。在未来的50亿年内，仙女座将会与我们的银河系合并，一阵"惊天动地"之后，会形成一个超大星系。你可能要担心合并对地球的影响，其实大可不必：第一，那时候你早就不在人世了；第二，那时候的地球已经被不断膨胀、演化成红巨星的太阳吞噬了。

因此，大爆炸无处不在，这也解释了为什么你并不需要射电望远镜来探测大爆炸回声，也就是我们常说的，正式名为：宇宙背景微波辐射，它无处不在。如果人的感官能够觉察到微波，那么你每时每刻都可以看到早期宇宙发出的久远而耀眼的光辉，它"照耀"着大地。当然，它确实无处不在，我们可以通过特定的探测器将它收集起来。

但我们无法回望至大爆炸的那一刻，万物伊始，物质密度极大、能量极高，光无法穿透。更甚于现在的我们希望看到太阳的背面。大爆炸过后的30万年，宇宙开始冷却，变得"透明"，这时候能量极高的伽马射线——能量最高的光，在宇宙间呼啸而过，仿佛一声惊雷划破长空。

宇宙膨胀的脚步从来不曾停歇，这使得（无处不在的）光需要穿过更大的宇宙空间，空间膨胀的结果便是光的能量降低了。试想象有人朝你扔来一个很重的球；而另有人一边全速向你的反方向奔跑，一边向你扔同一个球。显然，第二个球砸在你身上就不那么疼了，毕竟它通过的距离较远，携带的能量较低。与之相似的是，随着宇宙的膨胀，光在传播的过程中，所携带的能量也在降低。光子在光谱上向下移动的过程中，能量降低。

可见光向红端移动（称为红移），而伽马射线则依次向X射线、紫外线、可见光、红外线移动，最后才是微波。宇宙微波背景辐射图为我们描绘了大爆炸之后的宇宙，这些宇宙图像是由名字分别为"宇宙背景探险者"（Cosmic Background Explorer，COBE）和"威尔金斯微波背景各向异性探测器"（Wilkinson Microwave Anisotropy Probe，WMAP）的卫星所提供的，而电视屏幕上的"雪花"也与这些微波有着难解难分的关系。

可能存在的大爆炸

需要在这里向读者说明的是：关于宇宙起源问题，大爆炸理论是目前为止受到支持最多的科学理论。但它不是绝对真理，也不是唯一一个在严肃科学家们考量范围内的理论。关于大爆炸理论的研究，使用的是间接证据，更何况，我们"看"不到宇宙诞生最初的30万年里究竟发生了什么。我们确实掌握支撑大爆炸理论的证据，但理论本身也并非完美无瑕。

例如，大爆炸理论认为，时间和空间在奇点处完结，在时空中的这一点，物质的密度无限大，温度也无限高。由于物质的性质接近极限，此时用于预测的方程是无效的。大爆炸理论在奇点处失效。正因此，我们不能非常确定大爆炸就是一切的起源，毕竟用于预测的数学工具，恰好在它最需要发挥用武之地的时候"瘫痪"了。

还有一些理论虽然可以解释大爆炸的奇点问题，但又有着其他这样或那样的问题。目前来看，大爆炸依然是最佳理论，因此在被引用的时候，会被当作事实看待。但"大爆炸"毕竟不是实验室中可以直接操作的实验，或是宇宙空间中可以直接观测到的甲乙丙丁；它是通过多种间接观测手段和一系列建模所得到的结论。

建模游戏

我们所说的"模型"并非实际的物理实体模型。当然，科学家有时候确实会搭建一些实体模型。例如，克里克（Francis Crick）和沃森（James Watson）提出的著名的DNA分子结构模型，他们最初是使用短棍和球制作了一段DNA的模型。但通常而言，科学家口中的建模，指的是数学模型，模型包含一系列规则和数字，理论上说，使用数学模型可以得到与真实世界的观测相同的结果。在模型预测与现实相符的前提下，我们就可以对宇宙中发生的变化作出合理解释。但当模型预测与现实偏离的时候，就该另行寻找一个新理论啦。

一个非常好的例子便是星系，星系与模型并不符合。引力将星系中的恒星聚集在一起，但同时也有一股相反的力试图将它们分开，而且星系本身也是会自转的。极目远眺仙女座，你会发现它只是一片微茫的光斑。人体的潜能是巨大的，但我们有时候还是需要借助技术手段。通过现代望远镜观测到的细节显示，星系确实在自转。自转过程中，星系中的恒星是趋于沿直线"飞出"星系的，然而引力将恒星拉向星系的中心。

同时，人们也窥测到了上述模型的不妥之处。如果你将一个典型星系中所有物质的质量加和的话，你会发现总质量不足以维持它以现有的速度自转，星系会像风车一样将恒星喷射出去。因此，一定是有着除引力之外的其他"神秘力量"将物质聚集在一起。

当然，星系中的物质并不都是清晰可见的。我们能够看到恒星和发光的尘埃云，但我们是看不清行星、黑洞或是冷尘埃的。即使能看清也是不够的。最为人所熟知的模型将"暗物质"计算在内。我们不能确切知晓这些物质究竟是什么（尽管有蛛丝马迹），但这些额外物质其实只与我们熟悉的物质通过引力场发生相互作用。我们似乎无法通过观测电磁波对暗物质进行研究，当然这里所说的电磁波也包括光。

这不是唯一可能的模型。另有观点认为，引力在星系尺度上的表现略有不同。要知道，对于整个宇宙而言，量子层面上的运行规律与我们的日常生活是大不相同的。也许，星系尺度上，物质有着它们自己的一套运行规则。描述这套规则的理论称为：修正牛顿引力理论（modified Newtonian dynamics），缩写为：MOND。它对引力作用进行了微小修正，以解释星系自转速度的问题。

失控的宇宙

另外一个模型中的概念可能没有那么容易理解，那就是"暗能量"，它似乎可以用于解释宇宙膨胀的离奇之处。宇宙膨胀之所以放缓，通过常识判断，你可能会觉得是摩擦力所致，实际上引力才是"幕后推手"。宇宙空间中物质之间的拉近是通过引力实现的，引力就如同宇宙膨胀的刹车一样。

相信你会大吃一惊：科学家发现宇宙膨胀似乎正在加速！宇宙不仅仅是体积越来越大，膨胀的速度也在升高。如果宇宙确实在加速膨胀的话（当然也有可能是其他原因导致的，间接测量的结果被解读为宇宙加速膨胀），一定有某种"神秘力量"推动着加速运动。由于宇宙加速膨胀需要大量能量，"暗能量"一词由来于此。

上述两个"暗"字开头的名词，占据了宇宙中物质和能量的很大一部分。但真正理解起来，恐怕要让人抓耳挠腮了。请不要忘了，物质（质量）和能量是可以相互转化的。我们认为，宇宙有大约70%是由暗能量组成的，只有这样才能保证它以现有的加速度膨胀。另有25%左右的宇宙是由暗物质组成的。剩下的5%，则是由我们熟悉的物质（包括你的身体）和光组成的。95%的宇宙于我们而言都是未知的！

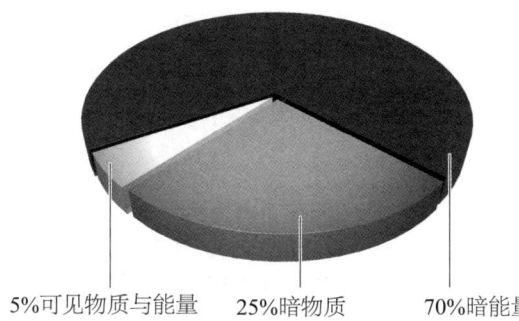

饼状图显示"普通物质"的占比究竟有多低,当然这个
图可能有点多余

现在我们意识到了人类科学的边界究竟在何处,这恐怕难免会让我们产生挫败感,但我更多是感到高兴。毕竟,我们并非一无所知,如今人类对于物质、光和宇宙的认知,要比100年前深刻得多。路漫漫其修远兮,吾将上下而求索。19世纪末,作为量子论的创始人之一的普朗克(Max Planck)还在上大学,当时他在学习科学还是音乐之间踟蹰不前。他的物理学教授建议他学习音乐,毕竟在那时候,所有科学大厦都已经"尽数建成"。但那位教授大错特错了。

遥远的类星体

下面我们将继续讨论那些还没有研究透彻的问题。仙女座星系是人类肉眼观测的极限;而类星体则是我们借助望远镜能观测到细节的天体。类星体(quasars,是"类似恒星天体"[quasi-stellar objects]干脆利落的简称)首次被发现的时候,人们认为它是遥远的恒星,但光谱似乎不太对,它太"红"了。

上文已经提过，当宇宙空间中的天体朝我们移动的时候，它们发出光的能量会升高，即发生蓝移；而当它们离我们远去之时，光的能量降低，便是红移。而类星体发出的光，红移量很大。由于宇宙在膨胀，天体距离我们越远，红移便越大。20世纪60年代，人类开始研究第一颗类星体，而那也是彼时能观测到的最远天体。即便最远，它的亮度却可以和我们银河系中的恒星相媲美。

随着研究手段的不断改进，人们发现，太阳系大小的类星体群，发出光的亮度与一整个星系相差无几。许多类星体群都配备有一对"喷嘴"：喷射出高能发光物质"流"。类星体群好像新生星系，仍处于形成过程中。多数星系的中心都有巨大的黑洞，包括我们的银河系在内的成熟星系，中心的黑洞可以吸收周围碎片，但对于一个年轻星系而言，则仍处于不断吸收周围物质的阶段。

不管是何种物质，在坠入黑洞的过程中，都会加速至接近光速，因此类星体会发出异常夺目的光。至于喷流，黑洞周围很可能有一个吸积盘状结构，物质围绕黑洞旋转才没有坠落其中。对于黑洞中心的奇点来说，则根本没有什么旋转可言，物质被尽数压碎。上述观点在宇宙学中仅能算得上推测假说，毕竟我们还没有什么充分的证据加以证实。

黑洞迷思

类星体这个名词对我们而言可能并不陌生，但我们仍未能揭开它的神秘面纱。在搭建本书框架时，我原计划是在不加引入的情况下就向读者朋友们介绍黑洞，毕竟"黑洞"二字在我们的日常用语中并不鲜见。此时你的脑海中可能会浮现出一个深不见底的大坑，有着吞噬一切的魔力。在关于宇宙的传说中，也少不了黑洞的故事，它是攫取万物的暗夜魂灵。

既然是神话，就说明关于黑洞切不可偏听偏信。第一，它们可能根本就不存在。爱因斯坦的广义相对论指出黑洞是存在的，当然我们也有可靠的间接证据指向其存在，但原则上说，黑洞的真实性仍有待考证，毕竟这些证据有可能是其他（天文）现象导致的。

可能有人会觉得，黑洞是宇宙中的真空吸尘器，不管是何方神圣，胆敢靠近就逃不出它的手掌心。这一观点并非无稽之谈，毕竟在极强引力的作用下，所有恒星都可以"清扫"其周边的宇宙空间。但黑洞是恒星坍缩之后形成的，恒星由于无法克服自身巨大的引力而坍缩。引力既可以使恒星坍缩，也可将物质聚集起来形成恒星。（不用担心，太阳是不会变成黑洞的，它的质量不够大。）

如果在恒星坍缩的时候，你正在围绕着它公转，你是不会被吸引进去的。但黑洞比同等质量恒星的体积要小得多。理论上讲，黑洞的体积是零，即"奇点"（正如大爆炸理论所言，一切物理定律在奇点都失效了，所以我们也不知道那里究竟发生了什么）。黑洞表观上的大小便是它的"事件视界"了，事件视界的范围要比恒星的体积小很多，而且它标志着"有去无回"的分界线。在事件视界之内，引力极强，即使是光也无法逃逸。

打造黑洞

一颗能够形成黑洞的典型恒星的半径大约为150万千米，但该恒星一旦坍缩成奇点，它的事件视界的半径仅为15千米。你若想拜访此地，引力会将你拉得更近。毕竟这里的引力要强得多。由于引力的大小与距离的平方成反比，你在黑洞附近移动地球上二分之一的距离，受到的引力却是地球上的四倍。物体越接近事件视界，就越接近光速。

黑洞也赋予了潮标（tide marks）新的含义。潮汐力很简单，其实就是由宇宙空间中不同点受到不同的引力吸引导致的。当你接近黑洞的时候，会受到极强的潮汐力，人体也会成为测试引力的最后一个试验品。

试想象你身着宇航服走向黑洞，脚朝向黑洞。这时候你的脚受到的引力要比头部大得多。身体不同部位受到大小不同的引力，这就是潮汐力。你的身体会被拉长，就像一片薄薄的粉色意面一样，这个过程称为"面条化"（尽管有传言称科学家都是书呆子，其实他们偶尔还是有幽默感的）。

在你进入事件视界之前，是不会被拉成面条并且一命呜呼的。甚至在事件视界的边缘，你也能安然无恙。面条化作用何时开始显现，取决于黑洞的大小。例如位于星系中心巨大的黑洞，它的引力递增是非常缓慢的，因此你在通过事件视界的时候，甚至都不会察觉。向黑洞中心移动的过程中，在被拉成"面条"之前，恐怕你早已葬身于飞速移动的物质碎片发出的辐射了。

上文已经提到，黑洞的中心叫作奇点，理论上讲，它是一个点。奇点中藏着关于黑洞的终极奥秘。严格来说，奇点不是一个空间概念，而是一个时间概念。广义相对论预测了黑洞的存在，并且认为引力是空间和时间的扭曲。在黑洞的中心，时间确实扭曲了。

你通过事件视界之后一头奔向的奇点，是时间意义上的点，而非空间意义上的。这时候你已经在事件视界之外被完全"删除"了。

黑洞和类星体是宇宙中最为奇特之所在，当然它们也有相似之处——都会发光，发出的光子穿过宇宙空间，最终在你仰望夜空的时候，落在你的视网膜上，触发视觉。我们已经对星系有所了解，它们是有着几十亿至数百万亿颗恒星的集合。宇宙中有大约1,500亿个星系，令人不得不"仰观宇宙之大"。

我们的银河系有3,000亿颗恒星，是暗夜苍穹之上一条有着微茫星光的亮带。但夜空中最容易观察到的还是距离我们较近的恒星，当然，最近的莫过于我们的太阳系。使用裸眼观测，你可以看到水星、金星、火星、木星和土星。金星和木星是仅次于月亮的最明亮的天体。那些从行星出发后到达地球的光子，其实都走了很远的"路"，因为光子需要先从太阳系的主要光源——太阳出发。

日落终有时

抬起头来，看看太阳吧（不要直视太阳哦，直视会对你的眼睛造成损伤，即使是在阴天），其实这时候天幕之上悬挂着几十亿颗如太阳一样的恒星，你不禁心生感慨——天高地迥，宇宙无穷。太阳这颗恒星，于我们而言是何等重要，但它其实只是芸芸众"星"之一。太阳不管是体积，还是亮度，都属于中等水平。同时太阳也处于其生命周期的中期——45亿岁。

实际上，太阳光是白色的。白光不是真正光的颜色，而是多种可见光的混合。但当人们用画笔描绘太阳的时候，通常将太阳画成黄色的。在日薄西山之时望向落日的余晖，你会发现它晦暗到可以直视，这时候太阳看起来是红色的。我们可能会疑惑，其实，这是光子与物质相作用的缘故。

在上述情况下，与光子相作用的是空气。许多由太阳发出的光子会径直穿过大气，但也确实会有另外一些光子被气体分子吸收后再度放出。这种向新方向释放出光子的现象，称为散射。散射过程是有选择性的；越偏向蓝光一端，光的散射程度就越高。这也解释了为什么白天的天空是蓝色的——从太阳的位置发出的光中，蓝光散射程度较高。

如果太阳光中各种色光的含量相等，天空应该是紫色的，因为紫色是可见光范围内散射程度最高的光。但太阳光中蓝光的含量是高于紫光的，因此蓝光占主导地位。由于部分蓝光光子从白光中"分离"出来，剩下的便是淡淡的黄色，即我们通常认知中太阳的颜色。日落时分，由于太阳光在大气中传播的路程更长，而大量光线沿切线方向与地表"擦身而过"，此时通过大气的主要为红光，因此我们可以看到红日西斜的景象。

太阳可能只是一颗普通的恒星，但它却"平庸"到成为了太阳系生命的摇篮。太阳的直径达140万千米，体积是地球的一百多倍，质量则是地球的33万倍。太阳系总质量的超过99%的部分都是由太阳构成的。另外我们都知道，太阳很热。太阳的表面温度相对较低，为5,500℃，但太阳中心则接近10,000,000℃。

生命的能量源泉

如果我们从人体出发来探索科学奥秘的话，请你不要忘了，没有太阳光，人类就不会存在，人体也无法运转。首先，没有太阳光，你什么都看不见。但还不止如此，太阳光是地球的初始热量来源。一小部分热量来自于地核，但多数还是来源于太阳光。没有太阳光这种无穷无尽的能量来源，地球上会冷到根本无法生存。

此外，离开太阳，你根本无法呼吸或摄入食物。你吸入的氧气来源于植物，氧气是植物进行光合作用的副产物。光合作用中，光能用于合成化学物质（主要为碳水化合物），它们是生命的燃料。光合作用比太阳能电池板中的光电效应要复杂得多。电池板中，光将特殊材料中的电子"炸"出来，从而发电。而光合作用中的化学过程，不但非常复杂，还快得惊人，甚至其中有些反应是人们测量过的最快的反应，反应可在 $1/1,000,000,000,000$ 秒之内完成。

植物吸收光之后，叶绿素之类的色素中电子的能量会升高，而叶绿素的存在使植物呈绿色。这一过程确实是光电效应，但要复杂得多。在植物内部的反应装置中，即光合作用的反应中心，光能会转化成化学能，此时发生的核心反应中，生成的氧气其实是副产物，你呼吸的氧气来源于此。不同植物产生的氧气量是不同的。我们通常所说的，热带雨林是地球之肺，它对大气的作用，就如同海洋中的浮游生物对大气的巨大作用一样。

像我们这样的动物，是不具有类似植物的、将光能转化为食物的能力的。我们必须借助"中介"的力量，要么以植物为食，要么以其他动物为食（当然这种动物本身要么以植物为食，要么以其他动物为食）。尽管是通过间接的方式，但几乎所有生命的能量来源都是太阳。

热能、氧气和食物来自太阳。不仅如此，我们可用能量中的绝大部分，都间接地来自太阳能。化石燃料的形成来源于曾经利用过太阳能的植物，而植物最终沉积下来。显然，太阳能是来自太阳的，但风能亦是，毕竟天气系统是由太阳光驱动的。地热能与核能则是例外。

喂？有人吗？

我们的生存离不开能量，所有生命都离不开能量，显然宇宙空间中存在的能量可以支持更多生命的存在。仰望夜空中的点点繁星，你会看到许多生命的潜在家园。太阳只是我们银河系中数十亿颗恒星之一，而像我们的银河系一样的星系，还有数十亿个。宇宙中确实可能有生命存在，但在真正发现生命之前，我也不想故弄玄虚。

太阳系其实并不是一个非常理想的居所。早期的科幻作品中，人们总幻想着月球、金星或者火星上有生命的存在。但这几个星球的环境都不足以维持生命。金星上酷热难耐，热到足以把金属铅熔化成液态，而且硫酸云密布天空。月球与火星上的水资源和大气资源十分有限，而且寒冷异常，在某些有足够保护的少量地方，还是可能存在着一些类细菌形态的生命，但可能性并不高。对于其他行星来说，就更不可能了。

除地球以外，太阳系中最有可能存在生命的地方便是木星的卫星之一——木卫二（欧罗巴，Europa）了。我们可能会下意识地认为，木卫二并不是生命存在的理想场所，它距离太阳太远了，温度不足以支持生命的存在。木卫二的表面温度约为-160℃。但它的表面之下隐藏着秘密：表面冰层之下很可能存在液态水，在木星的潮汐力和木卫二自身放射性的共同作用下，液态水维持着相对温和的温度。

尽管还不能确定，如果木卫二上确实存在液态海洋，可能这颗卫星上已经进化出了基本的生命形态。然而水和适宜的温度，还不足以孕育生命。我们已知的所有生命形态都由碳元素组成，但也有人认为可能存在硅基生命。但硅原子无法像碳原子一样结合成大分子，也就很难支持生命的存在。因此，如果木卫二真的可以支持生命的存在，则需要有大量的碳原子和其他原子。

搜寻外星生命

上文所述，并不代表宇宙中不存在其他智能生命，其他智能生命更可能在围绕某颗遥远恒星公转的行星之上。尽管路途遥远，我们目前已经观测到了太阳系外的数百颗行星。我们发现的第一颗行星是通过恒星的抖动观测到的。通过这一技术，我们可以发现像木星一样较大的行星，因为它们对恒星造成的抖动最为明显。使用其他手段可以探测到更多的类地行星，它们体积更小，也更可能是固态的岩石行星，而非气态行星。但还没有证据表明这些行星上有生命存在，遑论智能生命了。

尽管人类已经作出很多努力来搜寻外星信号，但迄今为止仍一无所获。100年来，人类一直在向外星发射无线电信号，因此我们身处一片100光年的无线电"迷雾"之中。理论上讲，在100光年半径的范围内，只要具备合适的技术手段，便可以探测到我们人类的存在。当然，在目前这个范围内所存在的生命形态，可能还不是智能生命，即使是智能生命，他们可能也不会使用无线电技术。大家可能会有些失望了，目前还没有任何进展。

即便我们在很短的星际距离上发现了智能生命形态的存在，哪怕只有20光年（除太阳外，到我们最近的恒星距离为4光年，因此20光年不过是我们到银河系的后院的距离），我们都无法与其充分对话。即便我们使用无线电作为通信手段，哪怕无线电是光的一种，而且传播速度最快，每次提出问题并收到回复，这一来一回都需要等上40年（这还是在我们研究出通信手段之后）！

至于拜访外星文明，简直是天方夜谭。从技术角度讲，将人类送上火星已然困难重重，更何况在理想情况下，火星与我们之间只有4光分的距离。据估算，载人航天器登陆火星需要六个月，而除太阳之外最近的恒星，距离我们都要比这个距离远上五十多万倍。除非某些技术手段可以帮助我们突破光速的限制，例如《星际迷航》（*Star Trek*）中的曲速引擎[①]，严格来说，实现类似曲速引擎的技术并非全无可能。但在人类可预见的技术能力范围内，我们还是无法踏足那些恒星。

---

① 曲速引擎实际上是通过扭曲时空来实现表观上的超光速，它在定域上并不是超光速。——译者注

我们孤单，哪怕并不孤独

对于外星访客来说亦是如此。按照不明飞行物（unidentified flying objects，简称：UFO）的标准判断，很多物体都可以被合理地认定为UFO，尽管很多是视错觉或者是未被识别出的航空器。但外星飞船同样面临距离的难题，况且这些外星人可能只是地球人的恶作剧、自欺欺人或者美丽的误会罢了。

人们对于"飞碟"（flying saucer）这一表述都是持有争议的。"飞碟"二字于1947年首次出现在报纸上，美国飞行员肯尼思·阿诺德（Kenneth Arnold）使用"飞碟"二字来描述某个不寻常的飞行器。彼时阿诺德并没有说过飞行器的形状像碟子，他只是评论道：那些飞行器的移动方式没有规律，"就像碟子略过池塘水面"。一位报纸头条文章的作者留意到了"碟"字，误以为阿诺德看到的飞行器是碟形的。不久之后，很多人都声称见过"碟形飞行器"了。

宇宙无垠，我们可能并不孤独。但在地球上"偏安一隅"的我们，无疑是孤单的。

目之所及，那些光子，可能来自遥远的类星体或星系，也可能是来自我们生命的源泉——太阳。现在，遨游太空之旅暂告一段落。是时候回到地球母亲的怀抱啦，我指的正是把我们求知的目光投向地球。或许，仰望星空的你，已经饥肠辘辘。你的双眼可能会仰望星空和梦想，而你的胃则要脚踏实地得多。

第五章
胃中漫步

当你的胃开始咕咕叫的时候,可能是饿了,也可能是消化不良。消化不良不是什么大问题,但还是会有轻微不适。可能你想来一片消食片,其实消食片本身不是药品,它只是化学反应中的某种反应物而已。

物理学研究原子是什么,而化学则研究原子间是如何结合的。有人认为,化学是一门研究电子的科学,因为化学反应通常是不同元素的原子之间共用或交换核外电子。

你体内的化学

你胃中含有一种强酸——盐酸。在学校的实验室中,盐酸是需要特别小心对待的酸之一,因为它的强酸性可以造成严重的损害。但是这种强酸又恰恰是你的胃所需要的,它可以分解你吃的食物,如此一来,食物分解后就可以释放能量,排出废物也会变得容易。

胃中的酸度不是固定的,而且有可能引发不适。胃酸可能会流到你体内不该去的地方,例如"倒流"进入食道。这些问题通常是由不良的饮食习惯导致的(例如暴饮暴食,或者进食过晚),也有一些人由于食管裂孔疝而饱受折磨。

该如何快速补救呢?来一片抗酸片吧。一个简单的化学反应即可解决。

尽管市面上的抗酸药五花八门,其实多数都含有碳酸盐化合物,例如碳酸钙、碳酸镁等。碳酸根是由一个碳原子和三个氧原子构成的。

捡拾一粒石子

碳酸钙是一种非常常见的矿物。它使得蛋壳变得坚固,也是石灰岩、大理石和粉笔的主要成分。没错,其实你吃的消食片就是石头粉末,但我不建议你真的吃石头粉末作为"大牌平替"。

碳酸盐是与酸反应的绝佳反应物,这一点在酸雨区尤为明显。大理石建筑,尤其是软性石灰岩建筑,受到的酸雨腐蚀是肉眼可见的。雕塑变得面目全非,碑刻的字迹甚至荡然无存,静谧的墓园中只剩下一块块无字碑,无法再向人们诉说从前的故事。

酸对于石制品确实有害,但对你的胃则不然。

当诸如碳酸钙之类的化合物与盐酸相遇的时候,会发生化学反应。简单的化学反应包括两种化合物(由超过一种元素组成的分子)互相交换成分,反应之所以能够发生,是能量驱动的缘故。能量储存在化学键中,化学键将原子结合成分子,不同的化学键各有不同。如果物质转化时会释放能量,这时候物质交换成分就比较容易。这个过程有点像物体从高处坠落,石块从悬崖顶部掉下来很容易,因为下落的过程中会失去能量。但从崖底向顶部运送石块就难得多了,因为你需要提供能量来做到它。

> **实验:胃中的基本反应**
>
> 取一片抗酸药(基本成分的抗酸药,不要那些花里胡哨的"双重功效")丢进玻璃杯中,倒入一点醋。你应该能看到一串气泡从药片中冒出。如果你服用了抗酸药,你看到的反应就是胃里实际发生的——都是生成二氧化碳的反应。当然,醋酸的酸性要比盐酸弱得多,因此你看到的反应远没有胃中那么剧烈。如果倒了醋之后什么都没发生,可能是抗酸片糖衣的保护作用所致。将抗酸药捣成小碎片,重复实验。你应该会发现反应变得剧烈了。一部分原因是你捣碎了糖衣,另一部分原因则是碳酸盐与酸反应的表面积增大了。

碳酸钙与盐酸的反应较为剧烈,最终会生成三种物质。盐酸由氢原子和氯原子构成。在反应过程中,氯离子与钙离子结合生成氯化钙,而碳酸根中的一个氧原子与一对氢离子结合生成水,剩余部分生成二氧化碳气体。随着胃中酸度的降低,相信你胃部的不适会得到缓解。

"邪恶"的生命化合物

在今天,二氧化碳是一种声名狼藉的简单化合物。如果把它置于"007邦德系列"电影中,它肯定是个妄图统治世界的大坏蛋。二氧化碳之所以名誉扫地,在于它是温室气体,导致全球变暖。大气中二氧化碳含量过高显然不是什么好事,但我们也没有必要将其妖魔化。毕竟没有二氧化碳就没有你,原因如下:

二氧化碳的第一点好处,可以从温室效应积极的方面谈起。大气中的二氧化碳,好比一面反射热量的镜子,绝大多数太阳辐射直接穿过大气层并将地球表面加热,随后地球表面又释放出能量较低的红外线。部分红外线会被二氧化碳分子吸收,之后再次释放。再次释放出的红外线,一些发射至宇宙空间,另一些则回到地球。因此,二氧化碳的作用与毯子类似,可为地球保温,使其维持人类宜居的温度。

欲知晓二氧化碳保温的极端案例,"金星一日游"供您选择。人们一度认为金星上的情况与地球类似,但金星大气层中97%的二氧化碳含量导致了失控温室效应(runaway greenhouse effect)。金星表面的平均温度为480℃,最高可达600℃。地球大气中二氧化碳的体积浓度大约为0.039%,但总体的温室效应(包括水蒸气和甲烷的影响)将地球的平均气温抬高了33℃。如果没有温室效应,地球的平均温度则只有-18℃,会极大地限制生命的形成与发展。

二氧化碳的另一个重要作用是被植物吸收。我们前面已经提过,地球上的生命循环是基于植物的,即使是食肉动物也离不开植物,因为食肉动物捕食的动物,也需要以某种动物或植物为食,最终都会到达食物链底端的植物。植物吸收空气中的二氧化碳，通过光合作用将二氧化碳固定。氧气是植物光合作用中的"废料"，却是我们人类呼吸所必需的（见第四章"生命的能量源泉"一节）。

加点气儿吧

二氧化碳也有可爱之处。下面这则逸闻趣事发生的时间，恐怕早得令人惊讶。1756年，一位名叫约瑟夫·布莱克（Joseph Black）的苏格兰医生率先分离出二氧化碳。短短的11年后，在利兹（Leeds）[①]的一座名为雅克的啤酒厂中，约瑟夫·普里斯特利（Joseph Priestley）[②]开始研究厂里生成的二氧化碳。此外普里斯特利也是氧气的发现人，当然这是后话。他在实验过程中，将二氧化碳通入水中，发现有一些二氧化碳溶解了，这时候水的味道就好像阿尔卑斯山的气泡矿泉水一样可口。

普里斯特利将此事抛诸脑后。直到1772年，他在伦敦诺森伯兰公爵（Duke of Northumberland）[③]家中参加晚宴的时候，才再次想起。晚宴的娱乐活动之一，便是让客人们饮用寡淡无味的蒸馏海水。于是普里斯特利便提出他的改进方案，第二天他就带来了海水变的苏打水。普里斯特利通过硫酸与粉笔反应制备二氧化碳，而这个过程与抗酸药溶解于胃酸的反应相比，并没有太多不同之

---

① 英国第三大城市，英格兰西约克郡首府。——译者注
② 英国自然哲学家、基督教新教神学家、化学家、文法学者、教育学者。——译者注
③ 休·珀西（Hugh Percy），英国贵族、地主、艺术赞助人。——译者注

处。后来他曾尝试将二氧化碳溶解在乙醚中，还毁坏了一批啤酒，因此就不再被允许进入啤酒厂了。不幸的是，普里斯特利未能实现苏打水的商业化生产，以致几年后瑞士人约翰·史威普（Johann Schweppe）[①]捡了漏儿。

门捷列夫的元素周期表

在学校读书时，你可能会觉得化学就是学习那张"形状奇怪"的元素周期表。但这张表格有着神奇的魔力，可以帮你预测胃酸与抗酸片的反应。元素周期律的研究令人望而却步，但俄国科学家德米特里·门捷列夫（Dmitri Mendeleev）终于推动科学向前迈出了一大步。事实上，门捷列夫既不是第一个，也不是唯一一个从事元素周期律研究的人，但他无疑是最勤奋的，不知疲倦地把玩一副纸牌，每张牌上都有一种元素，门捷列夫试图基于某种规则将这些元素排列起来。

元素周期律的规则很简单。元素周期表有数个横行，每一行元素的质量都比前一行高，同一行元素从左向右质量递增；元素周期表也有多个纵列，同一列的元素性质相似。彼时的门捷列夫没有意识到，他放置于同一列的元素都有着相同的最外层电子数（或空缺电子数）。电子的数量将决定原子间以何种化学键相连，从而也决定了物质的化学性质。

门捷列夫随后预测了数个新元素的存在，上述排列规则也开始

---

① 18世纪末，史威普基于普里斯特利的苏打水，将该生产过程商业化，并于1783年在日内瓦成立怡泉公司（Schweppes Company）。——译者注

崭露端倪。他在元素周期表中留出空位，并且认为空位处元素的性质应该与它同一列上方相邻位置的元素性质相似。例如，硅元素正下方有一空位，门捷列夫将其标注为"类硅"（eka-silicon，"eka"源于梵语的数字"一"）。

最终，人们发现了填补该空位的元素，也就是后来的锗。锗与硅有很多相似之处（两种元素都可用于制作晶体管和电子器件），而且锗元素的性质与门捷列夫预测的是一致的。

走近第114号元素

使用元素周期表和元素周期律来预测新元素一直持续到今天，当然并非每种元素的性质预测都能像锗一样准确。以第114号元素为例，彼时它还没有真正意义上的名字，人们只起了个昵称"ununquadium"（即拉丁语"114号"之意）。[①]目前为止，"拥有姓名"的最重元素是第112号元素——"鎶"（copernicium）。[②]

你恐怕是无缘"一饱眼福"这种"最重"的元素了，毕竟超重元素在自然界中并不存在。

自然界中，最重的是第92号元素铀。原子序数高于92的元素，都是在核反应堆和粒子加速器中合成的。合成上述元素的时候，必须有"强力"来克服原子核中带正电质子之间的斥力，这样才能将原子核结合在一起。

---

① 在原书出版时，第114号元素还未命名，而现今已经命名为"**铁**"（flerovium）。——编者注

② 在原书出版时，第112号元素的中文名称已发布。——译者注

第五章 胃中漫步

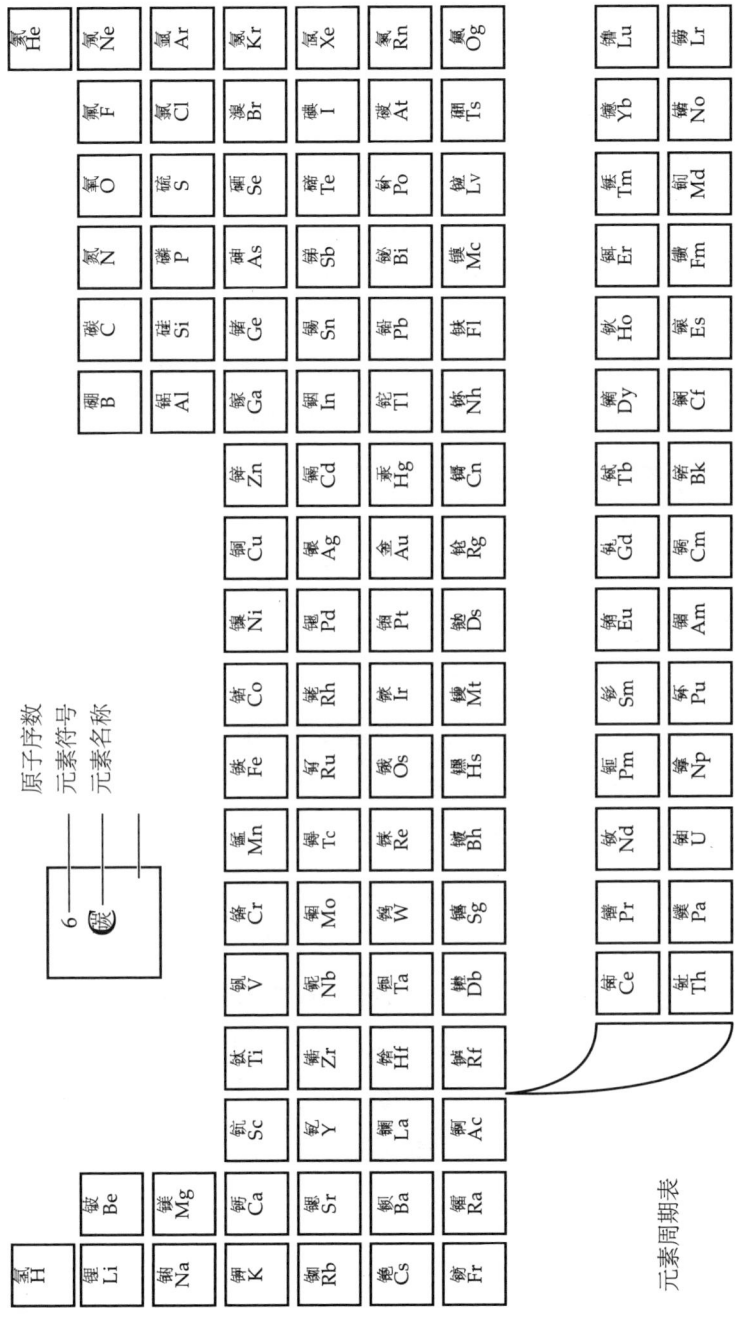

元素周期表

这种强力有个非常明显的短板——只在非常非常短的范围内起作用。当原子大小达到铀的时候，原子核内有92个质子（原子序数等于原子核内的质子数，也等于核外电子数），此时已接近强力作用的极限。原子核再增大就会变得非常不稳定。

绝大多数的重元素只能存在几千分之一秒甚至几百万分之一秒，但是第114号元素占据了"稳定岛"的位置；元素周期表中该区域内的原子比较稳定，此时原子核中粒子为特定的数量。原子质量为289的第114号元素的同位素，可保持稳定长达数秒时间。

我们已经知道，同位素是中子数不同的同一种元素。例如，最简单的氢原子，原子核内只有一个质子，如果在氢原子的原子核中加上一个中子，它的化学性质是不变的，毕竟核外仍然只有一个电子，而核外电子决定元素在化学范畴内的表现，但多了一个中子的氢原子变重了，因此它在核反应中的行为也发生了变化，我们的目光也就从氢转向了氘。

实际上，原子中几乎所有质量都集中在原子核，因此原子质量也就是质子数与中子数的加和。回到刚才原子质量为289的第114号元素的同位素，它原子核内的中子数为：289-114=175。

第114号元素于1998年在俄罗斯的杜布纳联合核子研究所（Joint Institute for Nuclear Research at Dubna）被首次合成，第一次实验只合成了其同位素的一个原子。后来又成功合成了数种同位素，但每次反应都只能合成几个原子。鉴于合成原子的数量极低，而且只能存在几秒钟的时间，我们无从知晓第114号元素组成的物质到底是什么样子的。根据预测，它应该和元素周期表该区域中的绝大多数元素相似，是一种银灰色的金属。

重金属还是稀有气体？

根据元素周期律，第114号元素的性质应该与铅有相似之处，毕竟它在元素周期表中恰好位于铅的下方，用门捷列夫的话来说，就是"类铅元素"。但奇怪的是，尽管每次反应中只能合成几个原子，但人们认为第114号元素的性质与稀有气体更为接近，而不像金属。

稀有气体位于元素周期表中"最不友好"的一个纵队，它们的外层电子是全满的，因此它们也就没有什么"兴趣"与其他元素发生化学反应。这个纵队中的元素有氖、氪、氙等气体，可用于专业照明。此外，稀有气体中最著名的氦气还有几分古怪。氦元素首先在太阳中被发现，后来人们才在地球上发现了它。氦在空气中的含量极低，人们还没注意到它，它就已经飘到大气层上层了，是不是很妙？其实我们可以买一罐氦气，用来充气球，或用来作为变声气体，使你的嗓音变得像唐老鸭一样。（多数的氦气是从天然气中分离得到的。）

那么科学家是如何从有限的研究中得出结论，认为第114号元素的性质更接近稀有气体，而非金属呢？

将第114号元素的原子通过一根内壁为金镀层的细管道，在原子通过管道的过程中，管道内的温度是不断变化的，从室温一直下降到最末端的-185℃。在原子前进过程中，随着温度的降低，能量不断降低，因此原子也就不再那么频繁地在管道中"弹来弹去"了。

对于实验结果的预测为：如果第114号元素的性质与铅接近的话，那么原子在管道中不会前进太久，就能与金原子结合在一起。

但是"社恐"稀有气体则会踽踽独行很长一段路，才会不情不愿地被吸到管壁上。至于第114号元素的原子，它甚至坚持到管道的尽头，仍能"独善其身"，这说明它的性质更接近稀有气体，而非金属铅。

这并非元素周期律"出bug了"，可能是相对论效应在化学领域产生的影响。由于原子核外电子太多了，因此它们的运动速度要高于正常速度。狭义相对论（见第六章"相对的光速"一节）认为，物体的运动速度越高，质量就越大。因此原子核外高速运动的电子将有足够的额外质量来改变它们的运动方式，从而使物质的化学性质发生改变。

从食物到能量

不管第114号元素性质究竟如何，它跑到你胃里的可能性基本为零，但显然你的胃还是能"品尝"到五花八门的原子的。严格来说，胃本身只是一个预处理器官，当然我们现在姑且用它来描述食物转化为能量的整个过程。在胃里，你吃下去的食物被上文提到的盐酸和酶分解。酶是一种复杂的化学物质，特定种类的酶会分解食物中特定种类的蛋白质。之后半消化的食物会被输送至肠道。

把食物"大卸八块"之后，我们得到的是糖和脂肪之类的相对简单的物质，由碳、氢、氧元素组成。氧气通过呼吸从肺进入血液，会将糖和脂肪氧化。我们每个人都接触过氧化反应——产生热量的燃烧反应。实际上，人体内发生的是一个缓慢的燃烧过程，物质在与氧气反应过后生成了二氧化碳、水和能量。生成的能量以化学能的形式储存在线粒体中（见第三章"细胞中的'天外来客'"一节）。

人类与动物对待食物的不同之处在于，我们会对食物进行加工。不仅是清洗并去除杂质，我们还会通过烹饪将食物变得更易消化。

吃口"热乎饭"

没人能确切知晓，究竟何时熟食成为人类生活中的重要一环。人们普遍认为，放在火堆附近的动物或谷物被意外烤熟，诱人的香气引得路人纷纷效仿，而烹饪后食物的美妙口感也使得这一技艺广为流传。

食物加热的结果之一便是蛋白质的"质地"发生了改变，蛋白质因此变得更容易被咀嚼和消化。烹饪的过程中还会释放出复杂的化学物质，刺激我们的嗅觉。我们可能会认为，对食物的好恶是味觉决定的，实则不然，嗅觉也是一种非常重要的"食物探测装置"。你肯定不想通过吃（比如）屎，才能得出结论：哦，这个不好吃啊。

即便我们总以为味觉起到更大作用，嗅觉其实才是我们人类防止食用有害食物的第一道防线。所谓的烹饪"唤醒味觉"，是由于碳水化合物分解生成结构较为简单的糖类，糖的浓度会随着水分蒸发而升高。但更多的还是由于带有香味的化学物质刺激了嗅觉。

其实在很久之前，人们就发现了烹饪的另外一个重要的"副作用"——杀死细菌和病毒，分解部分毒素。菜豆中的植物血凝素就是个很好的例子，生吃菜豆是致命的；还有包括土豆在内的茄科植物，它们同样含有毒素。

人类一定是花了一段时间才意识到：烹饪不仅可以将食物变得更加可口、口感更佳，而且食用加工过的食物不太可能出现胃痛，也不太可能吃到索命的"最后的晚餐"。一旦我们意识到了烹饪的作用，食谱上就会增加许多自然状态下难以下咽的食材。

诸如菜豆等生吃时有毒的食物，人类恐怕要花上更长的时间才会"醍醐灌顶"，发现它们烹饪后可以食用。无法想象，有谁会在目睹了自家邻居由于生吃菜豆而搭上性命之后，还打算"以身试法"的！当然，有一种可能性，是人们通过观察发现：烹饪确实改变了某些"如鲠在喉"的食材，于是某个饥肠辘辘的人家决定孤注一掷。也可能是某人曾在烹饪过程中无意加入了菜豆，胃部的剧痛却没有如约而至。

无论如何，烹饪已经成为我们日常处理食材的必备步骤，只有吃饱饭才会能量满满呢。

干杯

当然了，吃不只关乎能量，吃的过程也可以获得快感，而且有一些吃的东西可以直接作用于你的大脑。例如，清早的一杯茶或咖啡。咖啡、茶或软饮中的咖啡因，是一种可以迅速作用于神经系统的兴奋剂。使用咖啡因来保持精力旺盛的传统由来已久。在中国，茶文化源远流长；而咖啡于16世纪从非洲传入西方，咖啡豆一直以来也作为兴奋剂使用。

咖啡因对身体有着多重影响，有趣的是，咖啡因会与大脑细胞中的一类受体结合，而这种受体一般情况下会与一种名为腺苷的化学物质相结合。试想象锁与钥匙——受体就像锁，只有特定的钥匙才能插入锁孔。咖啡因可以与腺苷受体结合。腺苷会使人感到疲惫，产生睡意。在咖啡因的作用下，与腺苷受体相结合的腺苷数量降低，这时候我们就会保持清醒。

腺苷活性降低的副作用，是大脑内另一种名为多巴胺的化学物质活性的升高。多巴胺是一种神经递质，是大脑中神经元向其他细胞传递信息的信号分子之一，它的作用效果与咖啡因是类似的。

咖啡因存在于多种植物（例如茶、可可、咖啡和可乐树）中，它是我们熟悉的刺激性饮料的成分。其实咖啡因的功效是个"美丽的意外"，它原本的作用是植物的天然杀虫剂，用来杀死捕食性昆虫。当咖啡因作用于我们人类的神经系统之时，产生的效果又恰好是我们想要的。

单纯是一杯拿铁或一罐可乐就可以改变我们大脑的运转，想想还真是有点害怕呢。但没有证据显示这样会有任何损害，更何况我们还可以更好地集中注意力。咖啡因与许多毒品一样，都会导致成瘾，而成瘾后如果想要戒除，则会产生戒断症状。这也可以解释为什么很多人戒掉咖啡之后，都感觉自己"浑身舒爽"。因为他们潜意识里认为戒除咖啡与戒毒是一样的。当然，如果你只是适量地饮茶或者饮用咖啡，那就根本不需要戒掉。

上帝的食物

有些人认为另一种广受欢迎的食物——巧克力也含有咖啡因，

实则不然。巧克力中对大脑产生影响的著名成分是一种苦味的咖啡因同系物，名为可可碱，在希腊语中的大意是"上帝的食物"。可可碱的效果与咖啡因相似，但更温和。可可碱与糖组成的混合物，熔点与口腔内的温度接近，因此我们会觉得巧克力的口感"细腻美妙"。

我们都知道狗是不能吃巧克力的，因为可可碱对狗是有毒的。50克的高浓度的黑巧克力（可可碱含量高于牛奶巧克力）就会导致一条小狗的死亡。可可碱不仅会对狗造成影响，所有的哺乳动物在一定程度上都会受到影响，但不同物种的可可碱代谢速度是不一样的。猫对可可碱格外敏感，但由于猫没有甜味的味觉感受器，所以它们不会觉得巧克力有多么可口，也就没有误食的危险。

其实可可碱对人也是有毒的，但你不必担心，毕竟只要剂量足够大，几乎所有东西（甚至是水）都有毒。人类平均每千克体重对可可碱的耐受能力是狗的三倍，而人的体重又比狗高得多，所以吃点巧克力愉悦身心，根本不叫事。成人需要食用超过5千克的牛奶巧克力才会有危险。

当你担心杀虫剂的毒性而选择购买有机食品的时候，请不要忘记哦，"离开剂量谈毒性都是无意义的"。严格来说，每种物质都有一定的危害，但人体摄入杀虫剂的量是极低的，与我们食用的其他大剂量食物相比，简直是九牛一毛。植物中含有的天然杀虫剂与人工合成的杀虫剂，对我们其实是一样危险的。

当然，我们在吃水果和蔬菜之前还是要洗的（部分原因是洗掉土壤中的细菌），但若要计算患癌风险，以普通的一顿饭为例，93%的患癌风险来自酒，还有2.6%的患癌风险来自咖啡。排除那些相对高风险的天然食物，例如生菜、胡椒、胡萝卜、肉桂、橙汁，还有一种名为乙撑硫脲（ETU）的农药中的化学物质是主要污染物，它对应的风险系数为0.05%。如果你将所有的化学污染物和杀虫剂按照合法剂量加在一起的话，总体的患癌风险与食用芹菜差不多。

这并不代表你不能吃芹菜或者喝橙汁。来，跟我一起念：通过剂量看风险。

胜利者之药

另一个例子，便是柳树皮、绣线菊提取物，这些草药治疗手段对大脑和身体产生的作用，我们已经习以为常了。自公元前2000年的苏美尔的乌尔第三王朝（Sumerian Third Dynasty of Ur）起，人们就开始购买上述草药来治疗头痛、发烧和炎症，它们成为常备药材。那时草药就已经是常见的止痛药了。

在18世纪，一个误会导致人们疯狂追捧柳树皮。秘鲁的一种树皮，或者我们常说的金鸡纳树皮是生成奎宁的原料，彼时的奎宁已经可以用来治疗致命的疟疾，但极为昂贵。于是相对廉价的柳树皮就作为替代品出现了，事实上使用柳树皮是个错误。使用柳树皮入药确实可以缓解疟疾症状，但金鸡纳碱的效果更好。这个错误足以让柳树皮声名鹊起了。

唯一的问题在于柳树皮对胃的刺激性很强，其中的活性成分，即后来我们所说的水杨酸可以帮助缓解头痛及其他疼痛，还可以治疗流感。但是柳树皮也会造成消化系统紊乱，胃部会产生强烈不适，甚至会引发胃出血。

1899年,德国化学公司——拜耳公司(Bayer)找到了权宜之计,由水杨酸制备得到的乙酰水杨酸有着同样的功效,但更温和,对胃部没有那么强的刺激性。"阿司匹林"(aspirin)便是德语中该化合物名称"acetylspirsäure"的缩写。随后它成为拜耳旗下最畅销的品牌之一,另外一款畅销药品则是著名的止咳药海洛因!此外,"阿司匹林"这个名字的版权只有拜耳才能使用。但在今天的英国等地,"阿司匹林"已经成为通用名,这也是一战停战条约带来的奇怪结果。

1919年6月28日签署的《凡尔赛条约》中详细规定了德国关于一战战败赔偿的事宜。大多数条款你可能都不会感到意外:国界的细节问题、对于军事部署和武器的限制、经济赔偿以及重工业供应等,但其中最重要的还是"阿司匹林"的使用权问题。

"阿司匹林"在德国(以及另外80个国家)依然是拜耳公司的商标;而在英国及其他的条约签署国该商标是可以自由使用的。你可能会觉得不可思议,使用"阿司匹林"的名字这种看似微不足道的权利,竟会在条约中得到"特别关照"。在一战尾声,"西班牙流感"肆虐,导致双方死伤惨重,阿司匹林对控制疫情起到了至关重要的作用。这是医学界的伟大突破。

之后五十多年,阿司匹林在药品界都有着举足轻重的地位。我小的时候,阿司匹林还是一种常见的非处方止痛药,但到了20世纪70年代,它便逐渐被胃部刺激性更低的扑热息痛(paracetamol)所取代了。扑热息痛在美国拼作:acetaminophen,但我们还是对它的商品名更为熟悉,例如必理通(Panadol,拜耳公司的产品)和泰诺

（Tylenol）。本以为从那以后阿司匹林就会淡出历史舞台，实则不然，后来人们又发现它有预防心脏病和中风的功效。

阿司匹林通过降低一种酶的活性来缓解疼痛、减轻炎症，这种酶叫环氧合酶（COX）。酶是一种特殊的蛋白质，可以催化体内化学反应。对于环氧合酶来说，其相关反应生成了一组激素，可以导致炎症，并且将疼痛信号传递至大脑。阿司匹林通过扰乱该反应来起到镇痛的效果。此外，人们也发现阿司匹林可以降低另一种名为血栓素的化合物的活性，血栓素有助于血小板在血液内的凝结，而血小板则是一种可以黏附在伤处的细胞。如果血小板聚集在血管中，则会堵塞血管，引发心脏病或中风。长期并低剂量地服用阿司匹林已经成为常见的预防心脏病和中风的手段。

新的用武之地给了阿司匹林第二次生命。现在阿司匹林每年的消耗量是3.5万吨，它和咖啡因类似，可以扰乱你身体内复杂化学信号机制的一小部分，并带来有益的结果。

从化学能到肌肉的活动

我们吃进去的食物，可能会带来愉悦感，或有一定疗效。但我们吃东西的主要目的还是在于摄入能量。从上文中我们已经了解到食物的消化是个缓慢的燃烧过程，而且产生的能量储存在ATP分子中，肌肉通过消耗这些能量来移动。特殊的蛋白质可以释放ATP中的能量，其中一种蛋白质会沿着另一条蛋白质"丝"滑行，好像滚动的棘齿一样，结果就是肌肉收缩。肌肉的收缩和舒张过程是由电信号激发的。

人们最开始对电作用的理解,也成为一部非常著名的恐怖电影的原型。一位名为玛丽·沃斯通克拉夫特·葛德文(Mary Wollstonecraft Godwin)[1]的年轻女性正打算与她的未婚夫开启一段浪漫的夏日假期。她收集了一批书目,其中有一本是意大利人路易吉·加尔瓦尼(Luigi Galvani)[2]的研究报告。结婚后,这位女士随夫姓改名为玛丽·雪莱(Mary Shelley)。在瑞士度假的一个雨天,玛丽将故事用笔记录下来,后来成为小说《弗兰肯斯坦》(*Frankenstein*)[3],即那个恐怖电影的原型。

加尔瓦尼从事青蛙解剖方面的研究,他意外地将电流通到青蛙腿部的肌肉上,这时候青蛙腿开始抽搐,好像活了一样。尽管这一现象在当时被人们(不止葛德文小姐)所误读,但这也是人们首次对动物电信号作为控制信号的惊鸿一瞥。

开始干活

本书讲到现在,我认为"能量"这个概念应该是不难理解的,当然再澄清一下也不是什么坏事。我们已经知道了能量和物质(质量)是可以相互转化的,前提是通过特殊的反应才能实现,例如核

---

[1] 玛丽·雪莱(Mary Shelley),原名:玛丽·沃斯通克拉夫特·葛德文,1797.8.30—1851.2.1。英国著名小说家、科幻小说之母,英国著名浪漫主义诗人珀西·比希·雪莱的继室。——译者注

[2] 路易吉·加尔瓦尼,拉丁语原名:*Aloysius Galvanus*,英文译名:Luigi Galvani,1737.9.9—1798.12.4,意大利医生、物理学家、生物学家、哲学家,生物体内电的发现者。——译者注

[3] 又译为《科学怪人》,最初出版于1818年。自1910年起被拍成恐怖电影,100余年里被不断改编翻拍,直至今日。——译者注

裂变、核聚变或者物质与反物质的湮灭，这时候物质（质量）转化成能量。人体内的化学能，储存在将分子内的原子连接在一起的化学键中，化学能释放后可以转化成肌肉中的机械能。

那么能量是如何推动这一切发生的呢？通过做功。"功"是能量转化的一种形式。物质移动时，功等于力与距离的乘积。在力的作用下物体可以向前移动。

从前，如果用一种非科学的视角来看待"功"，我们会发现"功"通常意味着苦力，即体力劳动。现在的我们，在工作时可能并不是直接"做功"，但"脑力劳动"不意味着不包含能量的转化。通常而言，脑力劳动是体力劳动的第一步。例如，构思一本书的写作过程并不包含大量体力劳动，但打字和制作过程则是包含的。总体来说，这是人体内的化学能做功。

功和能量一样，单位都是焦耳。日常生活中，我们通常使用的是传统的老式能量单位"卡路里"，1卡路里的值比4焦耳稍高。当我们描述食物中含有的能量时，通常使用"千卡路里"（thousands of calories）或"千卡"（kilocalories）作为一个单位来描述。营养学家认为，"千"字会令公众困惑（那个年代还没有使用公制单位，没有"千米""千克"这种带"千"字的单位在使用），如果某种食物含有129千卡（kilocalories），他们会直接说"含有129卡（calories）"（显然是个错误），或是"含有129大卡（Calories）"（此处将字母C大写，来代表千卡，但英语听上去是和前者一样的）。

大黄蜂的传说

你每移动身体一次,都会消耗自己从食物中摄取的能量。这个道理非常简单直白。但我们对于某些生物的印象可能是它们使用的能量要比消耗的多,似乎能量是凭空产生的一般。人们最常提及的恐怕就是大黄蜂了。"它是个传奇,"人们议论纷纷,"没人知道大黄蜂到底是如何飞起来的,科学也没有答案。"传教士引用大黄蜂的例子旨在说明上帝是如何的无所不能,以至于科学都无法解释。

事实上,大黄蜂悖论是个谬误。大黄蜂那肥硕的身躯配上纤弱易碎的翅膀,看上去似乎很奇怪。但它的体重其实极轻,而且它们的翅膀与鸟类的也不一样。大黄蜂的移动速度比鸟类要快得多,因此抬升效果也要好得多。它们的翅膀更像是直升机的螺旋桨,而非扑翼。背后的机理是产生涡流,这些快速旋转的空气柱可以提供高于传统机翼的升力。因此飞行的问题根本就难不倒大黄蜂,它们消耗的能量也并不比摄入的多。

自带"弹簧"的袋鼠

还有一个更加有力的例子,似乎在向我们展示,动物消耗的能量可能确实比摄入的多。这个例子就是袋鼠。如果你将袋鼠一天中弹跳所需的能量加在一起的话,实际上是高于袋鼠通过食物所摄入的能量的。我们终于找到了一种可以"凭空产生能量"的动物,或者至少看上去如此吧。

生物学家在最初进行计算时并没有意识到：袋鼠腿中的肌肉就好像可以弹来弹去的橡皮球一样。向地面投掷橡皮球，球会被压扁，在与地面的碰撞过程中吸收能量。随后球会弹回之前的形状，释放能量并弹回到空中。这就好比能量储存在弹簧或拉伸的橡皮筋中。整个系统并没有吸收额外的能量，但球还是弹回到空中，回弹过程消耗的能量是在球与地面接触并压缩时储存的。

袋鼠的弹跳原理是相似的。袋鼠肌肉的连接方式很特别，撞击地面的时候，能量就储存在肌肉中了，好像拉伸的橡皮筋一样。随后能量便被释放，可以部分地为下一次弹跳供能，因此袋鼠活动所需要的能量并不完全是来自于摄入的食物。如果没有这个储能系统，袋鼠撞击地面时所产生的能量全部都会以声和热的形式散发出去。但因为有了这个系统，一些能量被储存起来了，可以在下一次使用。就好像电动汽车将刹车时产生的能量储存在电池中一样，可对能量再次加以利用。

流动的热量

不管是你体内的能量还是袋鼠体内的能量，我们研究的都是热力学问题。热力学听上去似乎是对移动的热量展开研究，确实如此，但请不要忘了，热能是能量的形式之一，热能是物质中分子运动所产生的"动能"——将某物体加热后，物质内部分子（无规则）运动的速度会快得多。热力学之所以在19世纪举足轻重，是由于它解释了蒸汽机的工作原理，而且现在成为了科学的基础部分。

热力学的重要性究竟如何，我们可以从亚瑟·埃丁顿（Arthur

Eddington）的名言窥见一斑。埃丁顿是20世纪初最为杰出的科学家之一，曾有言："如果有人告诉你，你偏爱的宇宙理论与麦克斯韦方程（描述电磁场的方程）不符的话，可能是麦克斯韦（James Maxwell）错了。如果理论与观测数据不符的话，那些搞实验的人有时会出错。但如果你的理论与热力学第二定律背道而驰，我认为你的理论恐怕是不可能正确了；'在屈辱中灭亡'才是它唯一的出路。"

稍后我们会继续讨论埃丁顿所说的"第二定律"，但先聊几句别的。热力学的奇怪之处在于它是从第零定律开始的（我们之所以把它称为第零定律是由于它是在第一定律之后出现的，但又是第一定律的基础）。第零定律内容为：如果你有两个温度相等且相互接触的物体，物体之间不会发生热的传递。原因在于热能是与分子运动密切相关的，能量的双向传导最终也相互抵消了。

第一定律为：热量是守恒的，不能凭空产生或凭空消失，输入和输出的能量是相等的。埃丁顿非常关注第二定律，它的内容为：热量（即能量）会（自发地）从高温物体传递到低温物体。第三定律认为：物体不可能在有限的步骤内接近低温的极限，也就是说物体的温度是不可能达到最低温度——绝对零度的；你可以逐步接近绝对零度，但永远无法到达。

实验：生活中的热力学

将电热水壶装满水并打开开关。仔细听它发出的声音，如果电热水壶是透明的，观察壶的内部发生了什么。根据热力学第零定律，在你打开热水壶开关之前，电水壶内的电热丝与水之间是不会发生热传导的。但当你打开开关之后，电热丝被电加热，很快它的温度就与水温产生温差。根据第二定律，此时能量便开始从高温处向低温处流动。

你应该听到过水在加热过程中的嘶嘶声，声音随着时间延续而越来越大。沸腾之前的声音相对而言并不大。最后你会听到水沸腾的声音。

嘶嘶声其实是水蒸气的小气泡破裂发出的声音。由于电热丝加热的温度要比水的沸点高得多，直接接触电热丝的水（分子）会吸收大量能量并形成小气泡。这时候能量会继续向水传导，但哪怕距离电热丝不远（但不直接接触）的水，温度也要低得多。这时候气泡破裂所产生的爆炸声并不大，我们听到的也就是嘶嘶声。嘶嘶声之所以后来会消失，是由于电热水壶内的所有水（分子）都达到沸点，气泡就不再破裂了。

随后，当水到达沸点的时候，在一整壶水中都会形成较大的气泡，注意不只是与电热丝接触的部分会产生气泡，最终的效果便是沸腾了。

永动机，何"永"之有

热力学第一和第二定律好似"扫帚星"一般，正是这两条定律，幻灭了永动机的传说。如果你家里有小孩，你可能会觉得他们就是永动机，但人体内的能量其实是通过食物来补充的。永动机只是听上去"高大上"而已——某种有着永恒运转之神奇魔力的机器。当然，除非你将所谓的"永动机"连接到发电机上，让发电机来为永动机不断提供电能。

如果你能打破两条热力学定律中的一条，那你一定会笑得合不拢嘴。如果能量守恒定律失效了，你可使用的能量，就能高于你输入系统的能量。如果真有这么一台机器，输出的能量高于输入的能量，那么输出的能量是需要重新回到机器本身的，这样机器才能"自给自足"，即自己给自己提供能量的同时还能"富裕出"能量。与之相似的是，如果你能打破第二定律，则意味着能量可以从温度较低的物体传导至温度较高的物体，你可以使用这部分能量做功。

冰箱似乎是个违反热力学第二定律的例子。因为冰箱可以从较冷的位置（冰箱内部）吸收能量，并输送至较热的位置（冰箱外部）。但冰箱不能在没有外界帮助的前提下将其实现。热力学第二定律适用的前提是外界没有向该系统输送能量——而冰箱系统恰恰需要借助外界的能量（才能制冷）。能量从低温物体传导至高温物体时，需要额外的能量才能实现，而且这时候消耗的能量是高于传导的能量的。

一千三百多年来，人们一直在尝试制造永动机。它一度成为"爆款"，专利局都不再接收相关的专利，除非专利申请人能提出合理的工作模型。有些永动机虽能以假乱真，但总是存在其他的外界能量来源。

克鲁克斯的能量论

关于永动机最为著名的例子，恐怕非克鲁克斯辐射计莫属了。

辐射计中有一组叶片。叶片并没有连接至任何电源，也没有任何马达或太阳能电池。但是这些叶片会不停旋转，似乎永不知疲倦。因此它看上去与永动机别无二致，其实它是由太阳能驱动的——或者它附近的任意光源。即便玻璃管可以阻止机械能驱动叶片的转动，但它阻挡不了光线，而光能会源源不断地进入设备。

人们一度认为，辐射计之所以能工作是光的**影响**带来的。每片叶片都是一面是黑的，另一面是白的。光子会被黑色的一面吸收，而被白色的一面反射。尽管光子的质量为零，但它们确实含有能量。一如爱因斯坦所言，质量和能量是可以相互转化的，因此光子**确实**含有动能，有了动能，物体才会移动。事实上，只要有一面足够大的太阳能帆，就可以驱动宇宙飞船，太阳能帆可以靠太阳刮来的光子"风"，在无垠的宇宙空间中"扬帆起航"。

不幸的是，太空"航行"需要扬起"巨帆"，而辐射计中的叶片实在是小太多了。真正驱动（辐射计中）叶片转动的，其实是空气。降低阻力相对来说并不难，但阻力确实存在。叶片黑色的一面会吸收光子，因此它相对白色的一面温度较高。相对较高的温度则会传导给周围的空气分子（此处是符合热力学第二定律的），因此黑色的一面附近的空气分子运动较快，受到的撞击更多，叶片也就开始转动了。

试访问本书英文版官网：www.universeinsideyou.com，在"实验"（*Experiments*）栏目中点击"克鲁克斯辐射计"（*Crooks in action*)。视频中显示的便是工作状态下的克鲁克斯辐射计。

你很容易就能发现热量才是一切的根源，而不是光压，这是由于叶片转动的方向与你的预期是相反的。如果叶片是由光压驱动的，那么它更多的是在白色的一侧受力，因此应该是白色叶面向黑色叶面的方向转动。但根据热力学定律预测，应该是黑色叶面向白色叶面的方向转动，而且确实如此。

用之不竭的清洁能源

永动机似乎是维多利亚时代的老古董了，但就在2007年，一家公司宣布制造出了类似永动机的设备。爱尔兰的斯特奥恩公司（Steorn）宣称制造出了能够生产"永不枯竭的清洁能源"的机器，此举一跃登上头条。斯特奥恩公司鼓吹其仪器奥博（Orbo）可以通过磁场凭空发电。大肆炒作之后，该设备的伦敦路演却由于"技术原因"被取消。人们推断是设备温度过高导致的轴承过载，预期中应在几天后举办的路演未能如约而至，奥博最终也没有与公众见面。

据推测，斯特奥恩的设备由固定的磁铁和移动的磁铁组成，这些磁铁可以追踪地球磁场的"奇特路径"，并以此发电。斯特奥恩曾失败过多次，最终才得以制造出永动装置——换句话说，就是真正意义上可再生的能量源泉。（我们所说的风能或者太阳能之所以是"可再生的"，是由于它们来自太阳，因此这些能源在很长很长时间内都是取之不尽的，但它们也不是严格意义上的"可再生"。）

熵增

热力学第二定律经常以另一种方式来表述——熵增。"熵"这个概念乍看上去，似乎令人迷惑——它是体系混乱程度的度量。你身体的熵值要比（随机）组成你身体化合物的熵值低得多，原因是你的身体有一定结构。然而十几岁的青少年房间的熵值就很高，越乱的地方，熵值就越高。事实上，熵值不仅是描述性的论断，它还是统计学意义上的度量。它是体系各微观组分排列构型的数量。

例如，如果你认为自己正在阅读的本页书上的文字只有一种排列方式的话，你就错了。其实还有很多种排列方式（绝大多数排列出的文字组合都如同天书一般）。因此排列后的文字是井然有序的，熵值很低。而热力学第二定律告诉我们，低熵值的文字是需要消耗能量的。这些文字不会碰巧就有序地排列在一起，需要笔者来输出能量。对于编辑和印刷人员来说也是如此。随机排列的文字相对来说就更为无序，因此熵值更高。

似乎熵增是自然趋势。例如，一只陶瓷茶杯要比一堆碎瓷片的熵值低得多。将茶杯摔成碎片很简单，熵增很容易。而实现茶杯摔成碎片的逆过程，即碎瓷片拼接回茶杯这种熵减过程则是几乎不可能的。

熵增理论可用于驳斥地球上生物进化的历程。地球原本是无序的，由随机分布的分子构成，而现在充满生机的地球则相对而言有序得多。有人可能会认为，是造物主从混沌中创造了万物。但我们其实误解了热力学第二定律，即在封闭体系中熵值趋于增大（或保持不变），封闭体系意味着不发生能量的交换。而地球并非封闭体系，我们不断接收来自太阳的能量。这是有违热力学第二定律的。

巨兽的物理学

熵值和生命的联系是个绝佳的例子，但并不唯一，还有很多例子可以向我们证明基本的物理学定律对生命产生的直接影响。你的身体是可以适应基本的物理学定律的（当然，重力会产生轻微的下坠感）。

但对于怪兽而言，并非如此。奇幻小说中经常把怪兽描绘为某种巨型的昆虫或蜘蛛。杀人蜘蛛如果膨胀到数米高，那么人类恐怕就是它们的囊中之物了。试想，为什么地球上不存在这种巨型蜘蛛呢？为什么蜘蛛没有进化到如此体积，并统治地球呢？回想20世纪50年代的电影《X放射线》（*Them*）中的巨型蚂蚁吧！或者请你回忆《指环王》（*Lord of the Rings*）和《哈利·波特》（*Harry Potter*）中的巨型蜘蛛吧。

若这些怪兽是你挥之不去的梦魇，不妨反复告诉自己：它们并不存在。若将你家浴室中的蜘蛛放大100倍，你会不会被吓得魂飞魄散！而且，我们所说的"放大100倍"，不仅是变宽100倍，而且腿也要变长100倍。如果我们把这种巨型蜘蛛的腿横向切开，横截面积是正常蜘蛛的10,000（即100×100）倍。

这种蛛形巨兽的质量又将如何呢？质量取决于体积，因此蜘蛛的质量会是之前的1,000,000（即100×100×100）倍。这也就意味着100万倍的体重需要由1万倍横截面积的腿来支撑，那么蜘蛛就会不堪重负。

对于大型哺乳动物（包括人类）而言亦是如此。巨型的蜘蛛和昆虫还会遇到另外一个问题，由于它们是通过甲壳（坚硬的外部"皮肤"）呼吸的，吸入的氧气体积也就取决于"皮肤"的表面积。此时"皮肤"面积增大了1万倍，而身体体积却扩大了100万倍。巨型蜘蛛就会窒息而亡，而且蜘蛛腿也会"啪"地折断。所以你根本不必担心这种骇人生物的存在。

两脚兽

回到人体，你可能觉得人类移动起来要比蜘蛛简单得多。毕竟蜘蛛有八条腿，八条腿必须相互配合前行，以防自己把自己绊倒。显然我们人类作为两脚兽，要学习的步法是和蜘蛛完全不同的，种类也少得多。但我们面临着一个完全不同的问题。

双腿站立并不是非常稳定，从婴儿的蹒跚学步中便可见一斑。个中分别，试参照自行车和三轮车。刚开始学习骑自行车的时候，找到平衡不是一件容易的事。双脚走路与此类似。这需要一定的练习，也会消耗能量。就实际而言，双脚走路是下落与恢复平衡的循环往复。

坐立不安，扳扳指关节

即使是站起来这一个动作，也会消耗你不少能量，显然站着消耗的能量要比坐着多。但我们没几个人能一直保持坐着不动的状态。观察那些一直坐着的人，你会发现他们时不时就会有一些"小动作"，尤其是双手，往往是最不"安分"的了。我的祖母经常揉搓她的拇指，这个小习惯很容易就会养成，但解释究竟为什么会这样并不容易。此外，还有很多人喜欢将自己的指关节扳得咔咔作响。

人们在搏斗之前通常会扳动关节，来显示自己不可侵犯。但有的人之所以不扳动关节，是因为他们知道经常这么做有罹患关节炎的风险。真的会患关节炎吗？唐纳德·L. 昂格尔（Donald L. Unger）是来自加州千橡市（Thousand Oaks, California）的一名医学博士，60年来，他每天都会扳动自己的左手指关节，但从没扳过右手的。

我们当然不能根据一个人的经历就妄下论断，但昂格尔博士的左手确实没有受到任何损伤。新闻中的那些奇人往往声称："我从20岁起就每天抽40根烟，但我今年已经95岁啦。"因此，扳指关节与关节炎之间的关系，可能只是所谓的"迷信"罢了。

闲庭信步之间，扳动手指关节也好，不扳也罢。下面，我们要测试你的身体机能，请随我一起开启游乐园之旅吧。

第六章
头昏眼花

坐一次过山车吧，整个人一会儿朝上，一会儿朝下，旋转不停歇，完全找不到北。这时候世界变成什么样了？你对外界的感觉有没有受到影响？从过山车上走下来，你可能会觉得头晕晕的，甚至步履蹒跚了起来。那么到底为什么坐过山车会影响你的感官呢，甚至结束之后这种影响还持续存在？

感官是定义生命的生物学过程之一，它们是你与世界沟通的媒介。失去感官，你什么都察觉不到，也没有办法与周遭世界互动。

几多感官？

你到底有几种感官呢？你可能会下意识地回答，有五种。回想一下刚才乘坐过山车时的情境，显然不止五种哦。传统的五种感官：视觉、听觉、嗅觉、触觉和味觉，到底是哪种给了你上下颠倒的感觉呢？你可能会觉得是视觉，当然视觉确实起了作用，但难道你闭上眼睛就感觉不到自己被倒挂吗?五大主要感官当然非常重要,但它们只是我们探索其他感官的起点。

遥望星空时,起作用的是视觉。那么听觉是什么呢?

声音通常被描述为一种波,确切而言,它是一种连续脉冲。提到波,我们脑海里首先浮现出的画面可能是水面的波纹。波中的质点会上下振动,但传播方向与振动方向是不一致的。而声波的振动方向与传播方向则是一致的。

实验:模拟声波

使用魔术弹簧玩具,将一端固定住(或者请另外一个人帮你拿住一端)。水平拉伸弹簧至拉紧。随后猛推弹簧,弹簧会立刻回弹。

将(疏密)波从弹簧一端输送至另一端,尝试数次。当波形沿着弹簧传播的时候,你会发现弹簧时而收紧,时而又拉伸开来。

如果你没有魔术弹簧,试访问:www.universeinside you.com,在"实验"(*Experiments*)栏目中点击"弹簧波"(*Waves in Springs*),查看声波之类的纵波是如何传播的。

声波便是此类"纵向的"压缩波。任意物体,不管是扩音器、乐器还是你的声带,只要物体振动,就会挤压附近的空气分子,这时候物体附近的空气分子的间距就会变近,随后与它"这一层"空气分子相邻的"另一层"分子就会被挤压,好像弹簧的压缩一样,这种压缩状态会不断传递至下一层,再下一层……以此类推。

这种压缩会不断传播。这就是声波，声音在空气中传播的速度为340米/秒。仔细思索，你会发现声波一定是纵波，而不是像水波那种"来回振动"的波。如果声波在传播过程中上下振动的话，它会不断与周围空气相碰撞，直至能量耗尽。通常而言，来回振动的（或是"横向的"）波只能在介质中传播。唯一的例外是光，如果你把光看作波的话，它确实在介质中来回振动，但这并不是由于波在介质中传播所致，光在真空中同样以此种方式传播。

声速是你可以自行测量的自然现象之一。下次暴风雨来临之时，你可以直接估算声速。闪电将空气加热，温度高达20,000℃，此时空气发出的声响就是雷声。雷声和闪电是同一时间、同一地点产生的。

如果你先看到闪电，随后才听到雷声，这时候就可以直观地感受到声音传播的速度。无论如何，电光都是瞬时抵达人眼的。例如，暴风雨距离你10千米远，闪电耗时1/300,000秒即可抵达人眼。看到闪电后，延迟听到的雷声便是声音在同等距离内传播所需的时间。如果暴风雨（中心）距离你10千米，声音以340米/秒的速度传播，那么听到雷声就要滞后29秒。

从压缩波到脑波

声波在空气中一路脉冲之后，最终会到达你的耳朵。耳朵的外部结构会像漏斗一样收集压缩波，进入内部结构后，压缩波会被放大。声波进入头部之后会到达耳膜。在空气分子的推拉作用下，耳膜会来回振动，并将振动传递给三小块骨骼（听小骨）。这三块骨骼是人体内最小的，随后会传递给前庭窗（又称：卵圆窗），最后充满液体的耳蜗也会随之振动。

耳蜗是螺旋形的骨室，内部充满液体。液体的流动会被细胞膜的延伸结构捕捉到，这种结构好似一小束一小束的头发。这些刺激会到达毛细胞的底部，并且在听觉神经中产生信号。听觉与视觉类似，从外部的物理现象转化为电信号，从神经传递给大脑，大脑会处理信号并构建出"声音图像"。

有些人的毛细胞受到了损伤，但听力可借助人工耳蜗部分地恢复。人工耳蜗可以代替毛细胞直接刺激神经。外部的收音装置可以将声音信号加工并转化为一系列电脉冲，随后电脉冲被传输到植于皮下的一个小装置中，然后会继续刺激耳蜗内植入的电极。最初的植入装置只有一个电极，后来随着时间的推移，现在的装置上有超过20个刺激点。尽管这仍意味着只有一小部分与毛细胞相连的神经会被激活，植入装置已经足以帮助使用者理解言语信息，效果比最初预期的要高很多。已有超过10万人的生活被人工耳蜗所改变。

出错的听觉

我们倾向于认为听觉比视觉来得更为直接。很多视错觉其实都不难理解，这是由于大脑通过外界的输入来构建图像，便产生了视觉上的错觉。尽管我们倾向于认为声音，嗯……只是声音而已，会认为自己听到的声音与物体发出的声音是一致的。但需要再次说明的是，输入的原始数据仍然是被你的大脑加工、处理过的。

因此产生听错觉是完全有可能的。如果你想亲身体验一下听错觉，试访问：www.universeinsideyou.com，在"实验"（*Experiments*）栏目中点击"麦格克效应"（*McGurk Effect*）。请按照网页上的步骤操作。

情绪与声音

声音与图像类似，不止是信息源那么简单；它可以在很大程度上影响我们的感情。看电影时，泫然欲泣的你，可能是被突然响起的音乐触动了愁肠。有时没有音乐也能起到相同的效果，比如在一部使用了大量配乐的戏剧中，霎时的静默可营造紧张的氛围，并带给观众真实的卷入感。

声音对感情有影响的另外一个例子来自于某些恼人的声响。这些恼人的声音会支配我们的感官。其中最为著名（也广为流传）的例子便是指甲划过黑板或者石板的声音。人们分析过此种声音产生的影响，意外的是，感到不安并非是由于这种声音独有的高频率。消除声音中高频率的部分后依然是"辣耳朵"。

研究显示，指甲划过黑板的声音，可能与史前人类的警告声相似（该噪声的频率分布与猕猴的警告声相似），也有可能是与某种被我们遗忘许久的捕食者的声音相似。无论原因究竟如何，研究结论为"人类大脑显然对这种骇人的声音残留有强烈的反应"。

吧唧吧唧，好吃好吃

视觉和听觉是两种最为重要的感官，它们对你的生活起着至关重要的作用。但是味觉就大不一样了。是的，味觉确实可以帮助我们分辨吃的东西是否令人不快，而且可以将吃的过程从缠身俗务变为乐事一桩。但味觉其实没有那么举足轻重。此外，味觉也是最低效的。背后的第一个原因便是它的接触范围，在你品尝某种食物之前，你需要先将它吞入口中，这就限制了你品尝的种类。味觉的局限性还体现在它需要在一定程度上依赖其他感官的补充。

实验：味觉的局限性

本实验需要一些准备工作。冰镇两杯葡萄酒（我想，本实验应该是"十八禁"哦），将一杯红葡萄酒和一杯白葡萄酒在冰箱中降至相等的温度。在等待葡萄酒冷却的过程中，将质地相似但味道不同的食物切成小块，例如：不同种类的奶酪、未加工的水果和蔬菜、巧克力和未发酵完全的面包。

下面，将面巾纸拧成一团塞进你的鼻孔里（如果你有鼻塞子也可），戴上眼罩。下面的实验步骤可能需要他人从旁协助，理想情况下，需要有人帮你把食物的顺序打乱，你品尝的时候就会发现自己很轻易就能搞错。

品尝不同的葡萄酒。大多数人认为自己可以分辨出红葡萄酒和白葡萄酒的区别，但在没有视觉和嗅觉的帮助下，这种区别是否同样明显呢？

尝试不同的食物样品。它们的味道确实是不一样的，但是区别不会像从前一般鲜明，在失去了嗅觉和视觉的帮助后，它们还像从前一样容易区分吗？

从前被你习惯性当作味觉的感觉,其实是嗅觉,或者是为视觉所影响后的感觉。当味蕾孤军奋战的时候,它们并没有想象中那样灵敏。

我们对味道的感知似乎也受到声音的影响。吵闹的背景音会降低我们对甜味和咸味的感知,但会让我们认为食物更加酥脆。

吃脆片类食物(薯片)的时候,如果人们听到吵闹的、嘎吱咯吱的背景音,会认为他们吃的东西比在安静环境中吃到的更为香脆可口。

味道与味蕾

味蕾能够探测到五大风味:甜、苦、酸、咸、鲜。可能我们对"鲜"不是很熟悉,它就是"鲜味",经常通过鲜味剂谷氨酸钠(味精)来体现,用于增强食物的鲜度。你可能已经见过下文的图

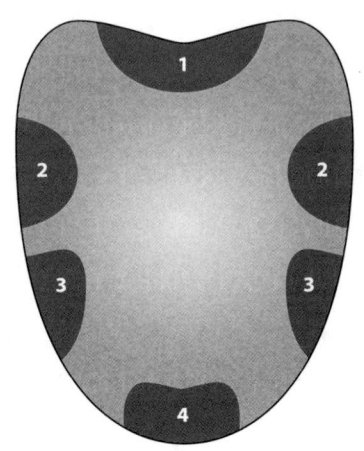

1:苦味
2:酸味
3:咸味
4:甜味

舌头的味觉地图:现已证实为谬误

片了，它向你展示了舌头的不同区域可以分辨出的不同味道。

我曾见过数个实验，实验声称被试舌头的不同区域在受到刺激后可以分辨出不同味道。

舌头的味觉地图可回溯至19世纪上半叶，它完全是虚构出来的。事实上，舌头上的任意区域都可以识别出任意味道。味觉地图的真实性堪比维多利亚时期的颅相学，彼时的人们认为，人的智能与头盖骨上隆起的凸块的大小密切相关。

舌头上的味蕾数量在2,000个至6,000个之间，每个味蕾的表面都是凹陷进去的，在这一小块"凹地"中，食物（如果是固态的食物则可溶解于唾液中）可以与味觉感受器相接触，此时食物中特定的化学物质会产生特定的信号。例如，咸味的感觉主要是通过对钠离子的识别产生的，而酸味的感受则主要来源于对酸的识别。

橱柜中的矿物质

盐可能是我们日常食谱中最重要的一种物质了，查看自家的食品架，你可能会发现盐是家中唯一一种并非来源于生物的日常消耗品，它是一种矿物质。而且"盐"在我们的日常用语中也时有提及：你是否称职，德能配位（worth your salt）；抑或你是否乐善好施，闪耀着人性的光辉（the salt of the earth）？你是否刻薄无情，向别人的伤口上撒盐（rub salt into someone's wounds）；又或者是否家藏万贯，唯你独赏（salt away a fortune）？

盐，即简单化合物氯化钠（NaCl），由两种性质迥乎不同的元素组成。钠（单质）是一种金属，与水接触会发生剧烈爆炸；而氯

（单质）则是一种黄绿色的有毒气体，也是第一种被广泛使用的化学战剂，在一战中致使生灵涂炭。上述两种物质竟然能够生成氯化钠这种稳定的白色晶体，不由得让人感叹造化之神奇。

所有的动物都需要小剂量的盐（尽管咸味属于五大风味之一，但背后的原因其实不容易察觉）。盐是一种电解质，在体内，液态时可导电，这也就意味着盐往往会出现在我们的食谱上。当然了，也有可能是人类摄入的盐总是与其他食物混合在一起，例如动物的血液。

顺便提一句，你可能听说过罗马士兵的薪酬是以盐（salt）的形式发放的，"薪水"（salary）一词由来于此（salt在拉丁语中为：sal），但士兵的"*salarium*"其实是用于购买盐的普通货币。罗马士兵没有收到过一袋装有岩盐（rock salt）的工资袋，尽管这幅画面想象起来会非常有趣。

盐风味独特，无意中呛了一口海水可能是最为直接的感受盐的滋味的方式了。但奇怪的是，海水中并不含盐！海水中确实溶解有岩石材料中的钠离子，以及水底的火山口和火山道中的氯离子。但这两种离子在水溶液状态下是自由且独立移动的，只有将海水蒸发，才会得到氯化钠。理论上讲，即使溶液中仅含钠离子（或者与之相似的金属钾离子），也是有咸味的。

气味之路

你的嗅觉与味觉相似，只是在日常生活中的重要性稍低一些。嗅觉确实可以帮助你识别烟味，或者嗅出你家附近已经消失的事物。我们已经知道，嗅觉可以帮助我们增加味觉的愉悦感。但嗅觉是一种受限的感官，至少对于人类来说是这样的。嗅觉是很难探测到方向的，而且感冒或其他的感染会导致你的嗅觉失灵。

你的嗅觉与味觉的联系是异常紧密的，这不仅源于你的使用方式，也与嗅觉的工作原理有关。嗅觉的过程是探测不同化学物质的过程，不同种类的探测器位于你鼻子的后部或者大脑内部。空气中的化学物质溶解于感受器上的黏液中，随后这些被捕获的化学分子会作用于感受器，并且将信号输送给大脑。

在动物王国中，嗅觉要重要得多。观察公园里散步的狗，你就会发现个中奥妙。显然，狗是会使用它的眼睛和耳朵的，但狗的鼻子要比我们的灵敏得多，我们人类可识别出的气味稀释超过100万倍，仍然可以被狗识别。而且狗的嗅觉是一直保持工作状态的。对于狗来说，公园的气味地图与视觉地图同等重要。

"嗅"出你的另一半

嗅觉不仅可以用来觉察危险、捕获猎物，也可以用来与同一物种的其他成员进行交流沟通。狗在户外的时候，花时间最多的就是识别其他狗散发出的气味。气味信号中，最为著名（但不是唯一）的化学物质是一种叫信息素的激素。蜜蜂和白蚁这样的昆虫在集体行动时宛若一个整体，原因在于它们配备有多种信息素的"大型工具包"，可以发射信号并协调行动。

人类也是会产生信息素的，尽管气味会影响我们对异性的态度这一观点尚有争议。曾有一项著名的实验，研究了某一特定基因的改变会通过影响激素的合成以及嗅觉来影响偏好。研究还发现，有多种动物都倾向于通过嗅觉选择HLA[①]基因与自身差异较大的伴侣，而HLA基因的部分功能是抵抗感染。

这对于后代来说是大有助益的，如此一来，后代可以获得不同的HLA基因，也就更有可能击退病菌。如果动物有这种能力，那么这种能力会不会也影响人类的择偶呢？在1995年进行的一项实验中，研究人员要求被试的一组女性嗅闻多件T恤衫，每一件都曾被一位男士穿着超过两天，后续的研究还伴随着基因检测，结果发现，女性仅仅依靠嗅觉判断所偏好T恤衫的男主人都有着和她们自身不同的HLA基因。

因此，我们的嗅觉确实会影响对伴侣的选择，当然嗅觉不是唯一的影响因素。例如，我们也会对不同的脸型有着明显的偏好。但与嗅觉不同的是，我们通过脸型选择的伴侣，往往与自己有着**相近**的HLA基因。显然，我们不会任由嗅觉这一简单的遗传学冲动所摆布，但它对人际吸引的影响似乎也是真切的。

追忆似水年华

你可能听说过，嗅觉可以很有效地唤起记忆中的细节，而且效果比其他感官都要强。其实这只是个传说，而且没有证据显示嗅觉比其他感官能更好地唤醒记忆。但是，从大脑中神经元被激活的方式来判断，某种气味与特定的物体或活动首次联系在一起时，大脑

---

① 即人类白细胞抗原（human leukocyte antigen）的英文缩写，其编码基因位于6号染色体的短臂上，HLA复合物中大多数基因具有高度多态性。——译者注

最为活跃。这也就意味着，我们能更好地记住第一次闻到某种气味时的场景。

其他感官的情形则有所不同，我们似乎更倾向于将嗅觉与其他的早年间的记忆联系在一起（因而会唤起感情）。马塞尔·普鲁斯特（Marcel Proust）曾喋喋不休地在《追忆似水年华》（*À la recherche du temps perdu*）中谈论他儿时蘸有茶水的玛德琳蛋糕（madeleine cake）的滋味，其实关于"似水年华"的美好回忆，应该是嗅觉而非味觉。

无处不在的感官

嗅觉与其他三种我们之前提到的感官一样，是集中于身体一小部分上的一系列感受器。但第五种感官——触觉，则更为分散。尽管你身体某些部位的触觉可能比其他部位更为灵敏，但事实上皮肤是完全被触觉感受器所覆盖的。

大体而言，触觉是一种力学过程，你皮肤中的感受器会对皮肤表面的压力和变形作出反应。触觉的不同之处在于，它并非探测输入人体的光、声音或者化学物质，而是监测人体自身发生的变化。其他的感官关注环境，而触觉却是记录身体的变化。

皮肤"看"得见

既然人类已将五大感官收入囊中，为什么还需要其他更多的感官呢？举个简单的例子：把你的手放在通电熨斗上方几厘米处，五种感官都不能告诉你，熨斗会将你烫伤，譬如你无法通过观察熨斗底部得出这样的结论。但在一定距离之外你就能感受到熨斗很烫，而且只要你能感觉得到，就不会触碰它。那么，你是如何从远处接收热量信号的呢？这是由于你皮肤中的感受器可以探测到一种不可见光——红外线。

你可能会惊讶，目前我们并不十分了解人体究竟是如何感受到温度的。猜测为：探测冷与热的机制可能是不同的，探测宏观温度（该物体究竟是冷还是热？）和红外线对皮肤的直接影响也是不同的。显然，皮肤中的某种感受器可以帮助我们探测可能受到的、来自高温物体的影响，但关于这一机制的细节尚未建立起来。

痛觉

我们将辣椒和咖喱描述为"辣"。但这种感受与探测熨斗热度是不同的，它也不是味觉。辣椒和彩椒的味道并没有太多不同，彩椒是沙拉中一片片红的、黄的、橙的、绿的"温柔"辣椒，但咬一口辣椒，带给你的将是全然不同的感受——痛感。

我们中的很多人都喜欢吃辣，辣椒带来的"灼热感"其实是痛感。辣椒中的辣椒素等物质会刺激口中的痛觉感受器。上述过程产生的效果与刺激皮肤的其他脆弱部位是相似的，例如眼睛。胡椒喷雾中含有辣椒素，一旦喷到人眼中，会使人痛苦不堪。顺便提一句，当你被鸵鸟袭击时，对鸵鸟使用胡椒喷雾是无效的，因为鸟类没有辣椒素感受器。

辣椒只是产生痛觉的方式之一，而且相对温和。疼痛的机制非常复杂，涉及多种不同的感官。你产生的痛感可能是"化学感应器"传来的，例如接受辣椒素的感受器。也可能是足量的刺激触发了你体内的热觉和力学感受器。温度合适时，你会感到舒适；但高温就会转为痛楚。

与之相似的是，温和的力学刺激与抚摸触碰的强度是相似的。但如果强度过高，例如扎到或者拧到，就会引起痛感。和其他感官一样，最初在感受器中输入的刺激，会产生信号并传输至人体的互联网——神经系统，最后信号会传输至大脑。从最初的刺激，到电信号，最终成为痛感，是一条完整的"路"。

止痛片就是这样发挥作用的，其原理并不是将信号传输到疼痛部位，并与受伤部位相互作用，而是拦截疼痛信号向大脑的传输。

疼痛所发挥的功能至关重要，但它工作的方式在一定程度上体现出人体的"设计缺陷"，疼痛本应"设计"得更为精巧一些。痛感是一种预警信号，告诉我们应该关注疼痛的源头，但疼痛的强度往往与问题的紧急程度是不匹配的。我们确实可以堵住某些感官（例如用眼罩、耳塞等），但对痛感更多的还是进行调整，让它为我们所用。如果人类真的是"设计"成的，而非进化的产物，那么优秀的设计师应该赋予我们能力，在痛感的任务完成后立即将其关闭。

鼻子在哪里

> **实验：本体感觉**
>
> 下面的实验很简单，可以帮助你认识自己五大感官之外的另一种感官。请你坐好、闭眼、保持不动，把双手放在身体两侧。一段时间后，举起一只手，尝试用食指触碰自己的鼻尖。作过尝试之后再继续阅读本文。
>
> 除非经历过脑损伤，多数人都可以轻松做到。显然你需要借助某种感官，那么这种感官究竟是什么呢？它并非五种感官中的任何一种，而是个全然不同的机制。

上述实验需要本体感觉发挥作用，它是一种晦涩的间接感官。该感官可探测身体各部位之间的相互联系，它类似一种元感官，将你的大脑对肌肉活动和身体形状的认识结合在一起。你在刚才做实验的时候应该已经发现了，在这一机制的作用下，即使不使用五大基本感官，你也可以举起手来精准地触碰到自己身体的某一部位。

其他动物的感官甚至比我们还要多。例如，鲨鱼通过探测猎物神经系统发出的电场来捕食；有些鸟类可以探测到地球磁场，从而为迁徙提供导航，就好像"内置"指南针一样。诸如蝙蝠等使用回声定位的动物，它们使用的传感器与我们的听觉类似，却又是一种完全不同的感官，探测的结果与我们人类的3D视觉体验类似，只不过蝙蝠依靠的是3D听觉。

感受加速度

本章开始时,我们讨论过坐过山车的经历,这时候的感觉是关于加速度的。一般认为,加速感是平衡感(它有个酷炫的名字:平衡觉[equilibrio reception])的一部分,但生物学家将感官与功能混淆了。我们探测加速度的主要作用是保持平衡,而我们感觉到的是加速度。

之所以能做到这点,在于你内耳中的液体会随着身体的移动而不断流动。液体的流动会刺激毛细胞,大脑就会接收到信号并得知运动方式。这就好像(现代)手机中的加速计一样,可以获取关于旋转和扭动的信息。这也可以解释为什么你从过山车上下来之后,会眩晕、发抖。内耳的液体是一套高效的生物体加速度感应器,但它的缺陷在于剧烈扰动后需要花一段时间才能恢复稳定。

当你坐在过山车上的时候,主要受到两种力的作用。一种是引力,将你拉向地球的球心;另一种力是过山车施加给你的,在你沿轨道猛冲的时候从各个方向将你推拉。这种时而推、时而拉的力,通常被叫作:g-force(g来源于引力[gravity])。

重量与质量

就效果而言,你感受到的g-force可以认为是一种"人工的重量"。在科学语境下,应当谨慎使用"重量"二字。重量是物体在引力作用下受力的大小。但我们倾向于将重量看作质量的替换词,即用于衡量某物体中含有物质的多少。

很费解吧，这是由于重量和质量的单位是一样的，但它们从根本上来说是不同的。月球上一包重量为1千克的咖啡所含有的咖啡豆的量，是地球上同为1千克重量咖啡的6倍。但是1千克的质量在地球和月球上就是相等的。

在地球表面，你的重量可能是70千克，但到了国际空间站，你的重量就基本为零。在地球表面，你的质量是70千克，即使到了国际空间站，这一数值也是保持不变的。你可能不会感到惊讶；毕竟我们已经了解到，质量只是描述你身体中物质的多少。即便你开始绕地飞行，物质也不会消失。

质量除了用于描述物质的多少之外，还可以告诉我们，如果想让某物体移动，需要多大的力。关于这个问题的答案，牛顿在他的第二定律中作出了解答（事实上正是出于这个目的，牛顿才提出了质量这一概念）。牛顿第二定律指出，物体运动所需的力是物体质量与加速度的乘积，因此物体加速越快，所需的力就越大。本条规律在地球和太空中是通用的。

重量是一定质量的物体所受到的引力大小。地球表面由于重力所带来的加速度（g）为9.8米每二次方秒。从高处落下，你每一秒的速度都比前一秒快9.8米/秒。你受到的力仅仅是自己质量的9.8倍，但我们搞错了单位，将重量与质量混为一谈。重量的单位应该是公制中力的单位牛顿（newton），问起刚出生婴儿的重量是多少时，得到的应该是"35牛"之类的答案，但人们听了可能会觉得奇怪。

坐在过山车上（或其他加速的地方）体验g-force的时候，大小可能是2g，即重力的两倍。这不是什么科学单位，但这个说法能让我们了解我们感受到的是什么。在没有特制器械支持的情况下，人体可以承受最高约为5g的力；在短时间内即使承受100g，也有人幸存。

推来搡去

试想象自己在游乐园乘坐过山车（或者在汽车里）的时候突然来了个急转弯，判断作用于你身上的力恐怕并不容易。如果汽车向右转弯，你会觉得自己被推到了汽车的左侧。就好像被"离心力"扔出去一样，这种感觉其实是在误导你。所谓的"离心力"并不存在。可能你会通过常识得出结论："有离心力啊，急转弯之后，我一屁股坐到了邻座的大腿上"，实则不然，让物理学知识说话吧。

牛顿才是那个揭示真相的人。一旦物体开始移动，就是一直沿直线行进，除非你对它施加外力来改变方向或者减速。对于地球上的每个物体来说都是这样的。引力会改变物体运动的方向（例如，投掷一个球，它会从水平运动转为沿弧线坠落到地面）；摩擦力是运动物体停下的原因。物体受力急转的情况下，也可改变其运动方向（例如球员踢出的"香蕉球"，足球绕开人墙时，轨迹是弯曲的）。

回到刚才说的、假想的"离心力"。在游乐园体验完过山车，下面开始体验"旋转茶杯"吧。当你随着"茶杯"旋转的时候，会有种被向外推的感觉。记住一旦开始移动，就不需要任何力来维持你的直线运动（尽管就实际情况而言，确实需要某种力来抵消摩擦力）。并没有什么力在将你向外推。

相反，"茶杯"的外沿拦住了你，这样你才不会飞出去。力的方向不是向外的（离心力），而是向内的（向心力——牛顿命名的术语）。向心力改变了你原本沿直线前进的路径。你在过山车和汽车中经历的是同样的原理。一旦你的身体开始移动，如果没有外力作用于你，你就会从车内直接沿直线甩出去，但是车沿着向心方向向你施加了力，因此改变了你运动的方向。

超自然的魔力

当你坐下来开始阅读本书的时候，引力是最为明显的、可以直接感受到的作用于你身体的一种力。这种把你拉向地球的力是"自然界四大基本力之一"（其余三种我们很快就会遇到）。引力的作用距离较远，而且关于引力的问题已经困扰了科学家数百年。牛顿在他的名作（坦白来说，很难读懂）《自然哲学的数学原理》（*Philosophiae Naturalis Principia Mathematica*）一书中描绘了行星是如何在引力的作用下沿着轨道公转的，并将引力描述为一种"吸引"，好比两个人之间的"吸引力"一样，但这却在那个时代遭遇了群嘲。人们认为牛顿的想法不过是些超自然的奇谈怪论罢了。

问题在于，如果你希望一定距离外的物体发生些什么，通常需要向该物体"输送"些什么。例如，你希望篱笆上的罐头掉下来，那就不得不向罐头扔个什么东西，"输送意念"显然是做不到的。如果你希望我能听到你讲话，声波就必须通过空气传播。但引力作用似乎可以在没有任何实体相接触的情况下发生。彼时的牛顿耸耸肩说："我不提出任何假设。"他不知道引力究竟是如何起作用的，但他知道的是，他的数学理论将世间万物都联系在了一起，不管是下落的苹果，还是公转的行星，都遵循相同的力学原理。

扭曲的空间和时间

有个人接过了牛顿的接力棒，知晓了重力究竟是如何起作用的，明白了为什么你的身体会被吸引并停留在地球表面，这个人就是爱因斯坦。如果你问大街上的行人，爱因斯坦究竟因何而为人所知，人们恐怕会认为是"$E=mc^2$"那个将质量与能量联系在一起的著名方程。当然，质能方程确实意义非凡。但如果你去问科学家，他们的答案会是"广义相对论"——关于引力作用的理论。

人们对于广义相对论的恶评，大多是其复杂性所致，至少数学计算的部分难度极高。就连爱因斯坦本人都搞不定，只好请更为出色的数学家出手相助。但其背后的基本原理其实很简单，普通人也能理解。1907年，爱因斯坦在工作闲暇时就把它构思了出来。他的回忆如下："当时我正坐在伯尔尼（Bern）专利局的办公室里，有一个念头突然闯入我的脑海，'一个自由下落的人是不会感觉到自己的重量的。'我当时错愕不已，这个简单的想法深深地烙印在我的脑海里，成为我研究引力理论的动力。"他将其描述为"一生中最令他开心的想法"。

爱因斯坦提出等效原理，认为引力和"正在被加速"是等效的。例如，你坐在没有窗户的火箭里，感觉自己朝着地板的方向被拉扯，这种情况下，火箭中的你无法通过做一个实验来判断这种作用究竟是源自地球引力还是飞船加速导致的g-force。没有办法区分。

当然了，你可以"作弊"。例如，使用GPS获取关于位置和加速度的信息。或者你可以在飞船的不同位置多次实验，如果是引力在起作用，那么在飞船中距离地球较近和较远的不同位置，引力的大小是不同的。但这并非爱因斯坦想要表达的。如果你在特定某点进行测量，而不借助技术看向飞船外的话，你就无法分辨究竟是加速的等效作用还是引力。

由于两者是等效的，加速度可以"抵消"引力，就效果而言是将引力"关闭"了。自由落体正是这种情况。你应该对"呕吐彗星"（vomit comets）[①]有所耳闻吧，飞机会爬升到高空，并且以抵消引力的加速度飞行，此时飞机内的乘客会悬浮20秒钟左右，随后飞机才会向下俯冲。

一边下落，一边错过

在国际空间站（ISS）里其实也发生着同样的情形。宇航员基本感受不到任何重力，但并不是由于他们距离地球太过遥远，其实在ISS的高度，物体受到的引力是地表重力的90%。实际上，国际空间站和居住其中的"移民"下落所产生的加速度，恰好可以与地球引力相抵消。他们之所以没有被烈火吞噬，或是粉身碎骨，是由于一直在与地球"擦身而过"。

公转过程中，ISS一边横向飞行，一边下落。两个方向的运动合

---

① 高速喷气式飞机，NASA用来训练宇航员，在自由落体和两倍重力加速度（2g）之间切换，宇航员需要完成指定的训练科目，包括移动、搬运物品、进食等。——译者注

起来使其离地高度保持不变，且处于自由落体的状态（g-force和引力相互抵消）。当爱因斯坦开始思考"等效"之后，又有了新的妙思：如果向正在加速的宇宙飞船的侧面发射光束，那么这束光会被宇宙飞船"抛在身后"。就效果而言，光线发生了弯曲。但如果引力和加速度是等效的话，那么引力同样可以使光线发生弯曲。

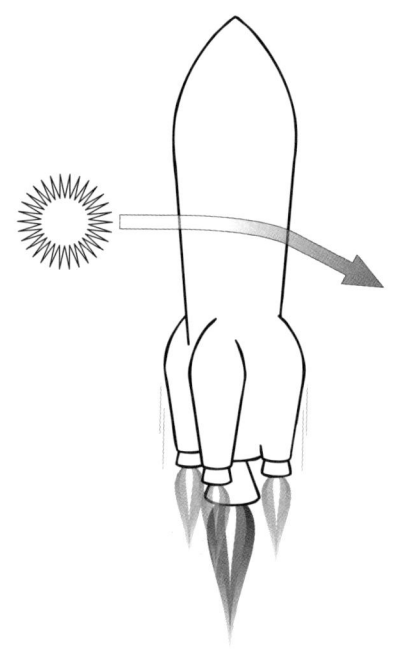

光线"错过"宇宙飞船

可能某位才智稍逊于爱因斯坦的科学家会认为，引力对光的吸引，与引力对其他物体的吸引是一样的。反过来说，却是另一番惊世之言：如果地球这样质量巨大的物体，并不是在吸引其他物体呢？如果是地球扭曲了空间和时间呢？这时候的结果便是光线发生了弯曲。

橡胶垫上的保龄球是用来解释广义相对论的经典图像。橡胶垫代表着空间和时间，保龄球会使得橡胶垫产生凹陷。如果你将光束想象成直线的话，直线通过放置有保龄球的垫子时会发生弯曲，这时候光传播的路径就变成了曲线。保龄球带来的"巨大质量"将空间和时间扭曲，也就改变了光的传播方向。尽管光自身仍然是沿直线传播的，但是光通过的时空发生了扭曲。

无须超距作用

从广义相对论来理解引力就不用再谈什么超距作用了。存在质量的任何物体都会将其周围的时空扭曲，而且这种扭曲是会沿着时空的构造传递的。即使是你的身体，也会将你周身的时空扭曲。因此，在扭曲时空中存在的任何人或物都会感受到引力的作用。

橡胶垫模型还不赖，但可能引发误解。第一，模型中时空的图像是二维的，但现实世界中，空间是三维的，时间是一维的。此外，橡胶垫也不能有效地解释究竟为什么物体在受到引力作用后会开始移动（例如，牛顿的苹果）。

通常的解释是，在保龄球产生的凹陷边缘放置一个小球，这时候小球会沿着斜坡向保龄球滚动，但这个球为什么会开始滚动呢？是什么推动它滚动的呢？好吧，是引力。因此，这个问题的答案是借助引力来解释引力的作用，不过是无用的循环论证罢了。

实际情况可能会令人惊掉下巴。请你拿起一个苹果，放在腰部的位置，松手，让苹果下落。你松手的那一刻，苹果受到引力作用而开始下落。地球对苹果有引力作用，而苹果也对地球存在引力作用。但地球的质量要高得多，因此地球产生的作用也要大得多。苹果会立刻下落，速度也越来越快。

那么根据广义相对论原理，这一切究竟是如何发生的呢？这是由于质量极高的地球不仅将空间扭曲，还会将时空扭曲。尽管苹果在空间中是静止的，但它在时间中是移动的。时空一旦发生了扭曲，苹果在时间中的移动就会在一定程度上与其他维度交织在一起。但是时间只有一个维度，因此部分在时间中的移动会转变成在空间中的移动。苹果在空间中加速，最终落到地面上，是时间发生扭曲的结果。读起来很烧脑吧，但事实如此。

调慢你的钟

你可能会认为，如此一来你会损失一部分在时间维度上的移动，因此时间在引力场中变慢了——事实的确如此。GPS卫星在工作时需要依靠高精度时钟来校准。根据爱因斯坦的另一伟大理论——狭义相对论，我们可以计算出这一偏差，并且该偏差必须被校准。狭义相对论认为，在移动的物体上，时间会变慢，因此，卫星上的时钟会比地球上的走得慢一些。但是，卫星受到的引力又比它在地表受到的引力弱一些，因此广义相对论认为，卫星上的时钟会变快。而广义相对论效应也是我们校正GPS卫星上时钟的主要考量。

> **实验：等效评估**
>
> 请你找一只氦气球，用绳子拴好。把它放在轿车内，出去兜风（另寻一人来开车）。握住气球的绳子，大约置于车厢中部，保持气球自由飘浮在空中，但注意不要让气球碰到车顶。在安全的情况下，请开车的人轻踩刹车，保持刹车持续数秒钟，不要急刹车哦。这时候，气球会怎么样呢？

预判实验结果，我们可能会认为：气球朝着（前）挡风玻璃的方向飞过去。大致的理由为：刹车时，汽车减速；或者换句话说，汽车产生了与其前进方向相反的加速度。（减速运动是加速度方向与运动方向相反的加速运动。）刹车产生的加速度对气球是没有影响的，因此气球会继续向前运动。这便是牛顿第一定律：除非施加外力，否则物体会保持原有的运动形式。

实际发生的情况与牛顿第一定律预测的是大不相同的。最简单的理解思路便是使用爱因斯坦的等效原理。当汽车做减速运动的时候，加速度方向向后，由于加速度与引力是等效的，此时，向后的加速度与向前的引力是等效的。（试回想刚才提到的关于火箭的例子。重力向下或者加速度向上的时候，你会感受到同样的力的作用。）当汽车刹车时，你会被加速度带来的"引力"向前拉。

想想，当氦气球受到朝向地面的地球引力时，它会发生什么呢？气球会向重力的反方向运动，这是由于气球的重量低于（同等体积的）空气，因此气球受力的方向与重力相反（可以被称为上升力）。这也就意味着，如果真的存在与汽车前进方向一致的"引力",那么氦气球将向车的后方移动——而这正是踩刹车后发生的情形。

造物主之力

引力是四大基本力中最容易被感受到的一种,有引力的存在,你的身体才会存在。你是离不开引力的。离开了引力,就会有一万个理由来解释为什么你无法存在于这个世界上。引力不只是把你留在地球表面,也并非地球绕太阳公转这么简单。

首先,离开了引力,恒星和行星都不可能存在。在大约45亿年前,引力作用使得尘埃云和气体被吸引到一起,越聚越多,最终形成恒星和行星。这种无处不在的引力作用,使得太阳能够提供极端的高温高压环境,确保核聚变反应的发生,反应提供了我们所需的光和热。

引力也可以给我们带来微妙的好处。长期驻扎于太空的宇航员,会发现他们的肌肉逐渐萎缩,骨骼也越来越疏松。没有引力的存在,我们很可能无法完整地走完自己的人生路。除却上述缘由,没有稳定的向下的力,你也很难呼吸——你的肝脏会悬浮起来,挤压肺部;横膈膜会上升,降低肺部容量。因此,太空中出生的婴儿可能很难存活。

当然,其他生物在零重力环境下也只能挣扎求存。很久以前人们就了解到(达尔文发现的)植物依靠重力才知道根该向何方生长。

在太空中,植物失去了方向感,因而寸步难"生"。鸟蛋遇到的问题更甚。在国际空间站进行的一项实验（奇怪的是该实验竟是由肯德基赞助的）表明，由于失去了引力作用，蛋黄的位置无法靠近蛋壳，鸟蛋无法正常发育，鸟儿也就孵不出来了。

电力和磁力

尽管引力的作用显而易见，不管是对宇宙，还是对你我他，都至关重要，但它却是四大基本力中最弱的一种。当你将引力与其他"日常力"相较时，你就会发现其他力对于你身体的影响是显而易见的，例如电磁力。电磁力，"力"如其名，与电场和磁场休戚相关。但它显然不只与（吹头发的）电吹风和（磁性）冰箱贴有关。电磁力位于基本力学规律的核心。

不管两个物体在物理意义上如何接触，例如：推动、触摸、举起，甚至是坐在某物体上，任意情况都是电磁力将两个物体连接起来。你可能认为，按按钮的时候，你的手指接触的是塑料。事实上，你手指中原子内部的电子与按钮中原子内的电子，这些电子之间是相互排斥的，并没有发生直接接触。电磁斥力将你的手指施加的力传递给按钮。

与之相似的是，在游乐园，你坐在过山车座椅上的时候，电磁力也在发挥作用；它也是过山车与轨道之间相互作用的力。当然，引力也在起作用。等效原理使我们明白了为什么你在急转弯、身体猛地撞向侧边的挡板时，会觉得自己"增重"了不少。电磁力每时每刻都陪伴着你，在你和你接触的物体之间都存在着电磁力。它如影随形。

> **实验：微弱的引力**
>
> 　　取一块冰箱贴，从你腰部的高度，将冰箱贴丢到地上，注意远离金属物体。无疑，冰箱贴会径直落到地上。
>
> 　　下面，从同一高度，丢下同一块冰箱贴，但注意靠近冰箱或其他金属物体。冰箱贴会被吸到冰箱或那些物体上。尽管地球引力会将冰箱贴向下吸引，但在磁力作用下，冰箱贴这块"小不点"还是会被吸引到金属上。

　　你在做实验的时候，可能会奇怪：第一组实验，究竟意义何在呢？冰箱贴肯定会径直落到地上啊。这便是科学与日常生活的不同之处，你无法假定会发生什么。科学研究得到的结论往往与常识相悖，通过有意义的对比，才能得出有效结论。

　　前面举的例子是磁力，你也可以使用相似的方式来讨论电力。例如，用梳子梳几下头发，这时候梳子就会带电，可以吸引小纸片。电力和磁力都是同一种力，这种力要比引力强得多得多。我们所说的"多得多"是大约10^{40}倍——数字1后面跟着40个0。引力之所以重要，唯一的原因，是原子与分子本身是电中性的（当物体相互接触时，是原子的次级粒子所带的电荷在发挥作用），因此原子与分子不会与电磁场相互作用，但仍然受到引力作用。

随电而流

　　电磁作用中的"电"与你的日常生活是分不开的。电在人体运转过程中发挥着至关重要的作用。例如，你的大脑和神经系统使用的电脉冲，是人体通信机制的一部分，这些机制控制了你身体的活动。你心脏的搏动也是由电脉冲控制的。

你在学校所学的关于电的知识，通常是电池、灯泡和电路，当然你可以开开心心地学习这些知识，但永远都不能理解电是什么。从某种程度上来说这并不意外；电，和物理学中的其他"系统"一样，是在反直觉的量子层面上实现其功能的。

描述电，通常是使用"水流"模型，其实我对这个模型真的不敢恭维。如果电线中的电流，真的像水管子中的水，我们就不得不拔掉插销来避免"电"（流）漫金山。但是，这一维多利亚时代的老旧模型也是有好处的，我们有很多表示液态的词汇来描述电，例如：电"流"，以及早期的电子开关器件——阀门（现在被固态的开关取代了）。

电流的传导需要导体，例如，金属就是一类常见的导体，自由电子会在构成物质的原子间移动。例如，我们在一块金属的右边放置正电荷，随后带负电的电子就会被吸引到右侧。问题来了。当所有电子聚集在右侧的时候，左侧由于缺少电子而显正电性，这时候左侧就会把电子往回吸引。但向金属左侧补充电子，这时候它的正电性就会被中和。与水的不同之处在于，电流只有在电路首尾相接、形成闭合回路的时候才会流动。

不幸的是，提出"水流"模型的人并不知道电子的存在。他们对于电流方向的判断也就十分武断，与电子的流动方向是完全相反的。

该模型的另一个问题在于它认为电子像水流一样，从管子中

"倾泻而下"，形成电流。如果情形当真如此，我们恐怕需要等上一段时间，设备才能通电。打开开关后，电灯几乎瞬时通电。测量电子在电线中的移动速度，我们会发现电子其实是"不慌不忙"的，比人的步行速度还要慢。（电子实际上是喷射出去的，但是多数电子的运动都相互抵消了，加和之后你会发现它们是逐渐向正极移动的。）

从电池中辐射出的可不仅仅是一串电子，而是电磁场，它以光速传播。电磁场所具有的能量叫作电磁能。轻触开关，在不可见的电磁波（一束光子）的作用下，电灯泡内部的电子就会移动起来，（谢天谢地）电子不需要沿整个闭合回路移动一圈（灯泡才会亮）。

事实上，光与物质发生相互作用时，电磁场无处不在，也不局限于我们触摸的物体和操作的电子设备。没有电磁波，世界将是一片黑暗；我们也接收不到太阳发出的光——输送给地球的热能，地球表面也没有适宜的温度。

深入原子核

为了全面地介绍四大基本力，下面我们来一起快速了解另外两种力，它们与引力和电磁力一起发挥作用。这两种力对你的生存和身体的运转至关重要，但你却不能明显感受到。上述两种力中，较强的那一个称为强核力（又名强力），它的名字也稍显乏味。强力甚至比电磁力还要强。没有强力，你身体中的每个原子都会四分五裂。

在原子核中，强力将原子核中带正电的质子束缚在一起。电磁力将质子分开，但强力克服了电磁力，保证核子结合成紧密的原子核。如果没有强力，你身体中的每一个原子都会分崩离析。

如果强力的大小与引力和电磁力一样，与距离的平方成反比的话，我们人类恐怕也不会"苟活至今"。如此一来，宇宙中所有的原子核都会相互吸引。但是强力随着距离增大而迅速减弱，质子和中子的间距达到10^{-15}米的尺度时，强力就基本为零了。这也解释了为什么你无法得到非常大的原子，原子核的尺寸一旦大于铀原子核，就很难稳定存在。

我们的故事还有一半没有讲完。束缚原子核内的质子和中子只是强力的"举手之劳"；强力最重要的作用是束缚质子和中子内的夸克。每个质子或中子都由三个夸克构成，强力将夸克束缚在一起。强力与其他力的不同之处在于，在夸克存在的尺度内，距离越远，强力越强。在质子或中子内，夸克可以自由移动，而夸克之间一旦想要分开，强力会迅速增大。因此将质子或中子分裂为夸克是几乎不可能的事情。

极短程的力

通过比较你会发现第四种力是个异类。它叫作"弱核力"（又名弱力），强度只有强力的百万分之一（同时也弱于电磁力，但仍可"完败"引力）。弱力并非微粒之间的吸引或排斥这么简单，它的作用距离甚至比强力还要短，比质子直径要短得多。

弱力在夸克味变的时候起作用，于是核子的种类会发生改变。

例如，在恒星的核聚变反应中，质子会转变为中子；或者在例如β衰变的核衰变过程中，原子核会放射出高能电子。尽管从表面上看，弱力在你乘坐过山车时似乎没有那么重要。但没有弱力，太阳就不会燃烧，地球上也就不会有生命。甚至地球都不会存在，因为只有通过恒星的核聚变反应才能合成重元素。

坐在过山车上时，这四种力都在发挥各自的作用。也难怪，从过山车上下来后，你会觉得头重脚轻了。但你有没有觉得自己变年轻了呢？事实上，坐完过山车的你确实要年轻零点几秒。

在时光里徜徉

我们来举个更为极端的例子吧。试想象你自愿乘坐一艘新设计的宇宙飞船，速度可达到光速的99%。这可不得了哦，速度高达297,000千米/秒，当然这只是我们的想象。你在太空中畅游2年9个月之后，返回地球，被地球上的情境震惊了，这时候已经过去了20年。你的家人和朋友都老了20岁。想想在过去的20年，世界发生了怎样的变化，可你却桩桩件件都错过了。实际上，你通过时间旅行穿越了未来17年的光阴。

不管是时间旅行，还是乘坐过山车后变得年轻，我们都可以用20世纪最具革命精神的理论——爱因斯坦的狭义相对论来解释。爱因斯坦意识到，光有它的独特之处，即光只能以特定的速度传播——真空中光速约为300,000千米/秒。

这是由于光是电和磁的一种特殊的相互作用。动电生磁，动磁生电。当电脉冲以合适的速度——光速传播时，电可生磁，磁又可再生电。因此,光子在随着电磁波前进的过程中,是不断变化的。但该过程只会在特定速度发生,哪怕稍慢一点就会停止。

其他物体的速度都会随着你与该物体之间的相对运动趋势而变化。例如,如果你在排队等候过山车,过山车就会以96千米/时的速度飞驰而过;但如果你身处过山车上,你相对于车厢是静止不动的(轻微颠簸除外),而地面上的风景则一闪而过。通常来说,所有的运动都是相对的。如果两辆车各自以96千米/时的速度迎头相撞,实际撞击速度为192千米/时。但光是不同的。不管你是朝向光运动,还是远离光运动,光速都保持不变。

相对的光速

自从爱因斯坦提出了"光速不变原理",并以此来修正牛顿的运动定律之后,有些地方就必须要更改。物体的质量、时间的流逝,长久以来都被认为是固定不变的量,现在都不得不作出改变。当你的运动速度越来越快时,时间变慢了,你的质量增加了,你在运动方向上的长度变短了。这正是狭义相对论在起作用。

狭义相对论认为,运动速度一般不能高于光速。随着运动速度的升高,时间的流逝会越来越慢,越来越慢,直到最后速度达到光速时,时间完全静止。如果你运动的速度高于光速,那么就可以回到过去。尽管接近光速很难,我们还是可以走捷径来突破光速的限制。

最简单的方法便是找到运动速度高于光速的物体(但它无法作为时光机使用),而且你现在就能找到,它就在世界上任何一个使用水作为冷却介质的核反应堆中。如果你能看到反应堆堆芯周围的水，会发现水闪着诡异的蓝光，这些蓝光来自速度高于光速的电子。

在本书第四章"海滩救生员操作指南"一节中我们已经了解到，光在水中的传播速度低于在空气中的（而且在空气中的传播速度低于在真空中的）。若要时光倒流，最终需要突破的极限是光在真空中的传播速度，这还做不到。但是目前可以达到高于光在水中传播的速度——225,000千米/秒。核反应堆中释放的（由弱核力产生的）电子，它的传播速度高于水中的光速。

当（核反应堆中释放出来的）电子通过水分子时，其他电子被扰乱后释放出光能，即我们所说的切连科夫辐射。有时人们将该辐射与"音爆"联系在一起，即飞机的飞行速度高于声速时产生的爆响。而水中发出的蓝光则是速度高于光速的电子产生的"光爆"。

隧穿时间

另一个移动速度超过光速的方法，则是本书第三章"'黑马'中微子"一节中所提及的量子隧穿。量子粒子可以"隧穿"屏障（势垒），而太阳中的核聚变反应也是如此。量子粒子并没有真正通过两点之间的空间，它们从势垒的一侧到另一侧，所花的时间为零。这也就意味着当粒子从一点移动到另一点，如果整个过程中有一段包含隧穿的话，那么移动的平均速度是可以高于光速的。

> **实验：超光速传输的莫扎特名曲**
>
> 试访问：www.universeinsideyou.com，在"实验"（*Experiments*）栏目中点击"超光速传输的莫扎特名曲"（*Faster than light Mozart*），播放一个通过"隧穿"屏障发送的信号，其平均传输速度为光速的4.7倍。音频中伴有嘶嘶声，但内容本身仍然是清晰可辨的。

理论上讲，只要速度高于光速，时光就是可以倒流的，穿过势垒发送信号的情形也应如此。但量子粒子"隧穿"的距离越远，通过势垒的难度就越高。我们只能观测到极短的时光倒流，短到读取信号时倒流的时段就已经耗尽了，因此我们是无法将彩票的开奖结果回传到过去的。

打造你的专属时光机

你的身体是不断在时间维度上移动的，无论以何种物体作为参照。未来某一天，我们可能真的会拥有能穿越回过去的神奇时光机。尽管时间旅行看上去似乎可望而不可即，但它并没有被任何物理学定律"明文禁止"。回到过去的时间旅行要比去未来难得多，目前我们的技术水平是做不到的，但从物理学角度来看也并非不可能达到。

理论物理学家会告诉你这不过是个工程实现问题。你只需建立一个虫洞，虫洞是连接时空中两点的裂痕，利用反重力撑开虫洞，穿越过去。或者将一串中子星排列成一个圆柱体，保持它们以接近光速的速度旋转。当你环绕该圆柱体飞行的时候，就会发现通往过去的时光隧道。这些美好的想象与当下的技术水平相去甚远。但还有一种方法，确实有可能将时间旅行变为现实。

该方法基于参考系拖拽效应。由广义相对论我们知道，引力除作用于常规方向外，还有一个微小的分力。产生引力的物体自身在旋转时，这个分力会将周围的时空拖拽进去。就好比你用勺子搅拌一罐蜜糖的时候，勺子周围蜜糖的形状会发生扭曲。若以足够快的速度拖拽时空，就会产生时空漩涡，这时候回到过去就成为了可能。

美国的一位物理学家提出另一种方案。我们可以使用激光来构建类似的时光隧道，这时旋转体换成了光本身。当然该设备在建造的过程中还有很多技术问题，笔者在写作本书时，项目仍处于筹款阶段，以期将梦想转变为现实。初代设备只能将微粒输送回很近的过去，但它与量子隧穿的不同之处在于，一旦实现，它就可以大幅扩大规模，并且实现真正的时间旅行。

谁都希望能乘坐时光机回到过去，见一见自己崇敬的历史人物，但请不要忘了时光机和其他基于相对论的手段是一样的，有着自身的局限性。你不能穿越到时光机建造之前的历史。因此，没有人能够搭乘时光机回到过去，体会捕猎恐龙的乐趣。时光机还会带来奇怪的悖论。

时间旅行的悖论

时间旅行最著名的结果,莫过于回到自己出生之前,将自己的父母或者祖父母"杀死"。(你是做不到了,因为你在时光机建成之前就出生了。但出生在时光机建成之后的人可以。)我不确定会不会有人想这么做,但如果作出尝试,他们会发现自己陷入悖论。如果"杀死"自己的父母,他们就不可能出生,所以他们无法回去"杀死"自己的父母。

有人可能认为这些悖论恰恰说明时间旅行永远都是不可能的。但就效果而言,产生该悖论的原因,要么是回到了另一个平行宇宙,在那个宇宙中父母还活着;要么是两条时间线相互抵消,这时候悖论行为就不存在了。

另有一件怪事:挑选一本书,注意该书的作者在建成时光机之后才开始动笔写作。带着这本书回到过去,在作者动笔前把这本书交给他,作者把书上的内容抄下来并交给出版社。那么到底是谁写了这本书呢?作者本人并没有真正写作,只是照抄罢了。这本书是"凭空化物",令人难以置信,但如果时间旅行变为现实,这种情况确实有可能发生。

在游乐园中畅快呼吸

回到游乐园熙来攘往的人群中,如果你正饱受哮喘的折磨,那么游乐园是个保持健康的好去处。在荷兰的一项不同寻常的研究中,25位患有非常严重哮喘的年轻女性为实验组,而对照组的另外

15位参与人则身体状况正常,他们连续乘坐过山车。研究结果显示,哮喘患者在乘坐过山车后感觉症状减轻,哪怕坐过山车本身在一定程度上会影响到他们的肺功能。

结论为:积极的情绪紧张(过山车升到最顶端时的刺激感)可以降低人们对哮喘症状的感知,而消极的情绪紧张则会加重哮喘症状。这一研究的结果令人惊喜,哮喘病人似乎更适合追求"跌宕起伏"的激情人生。这也为我们下一章所要探讨的问题作出美好的铺垫,我们将一起体味平凡生活中的喜乐悲欢。

第七章
执子之手

不管是年龄多大的人，见到有魅力的异性都会心驰神往，仿佛丢了魂一般。而其他动物似乎就不会遇到这种问题。动物除春宵一刻之外，一直过着平淡的日子。而我们人类似乎无法控制自己的身体，到底是怎么回事呢？

吸引为何物？

在我们担心自己的大脑不受控制之前，不妨先思考一下这个问题：吸引力到底体现在何处呢？我所说的"吸引力"，主要是身体和外貌上的。你可能会觉得这样太肤浅了，但从某种角度来说，恰恰相反。当然，我们会关注潜在伴侣的许多特质：谈吐、智慧、共情、性格等，但注意这是关于一个好伴侣的。对于你的身体来说，生物学意义上的吸引力是关于生殖的能力。这是吸引力的根本所在，其他的优秀特质都是关于"伴侣力"的。

那么哪些特质被认为是富有吸引力的呢？包括如下几点：

·年轻：不管你自己是否年轻，另一人身上青春的气息（已经发育完全）意味着他们有更强的生殖能力。

·健康：对于潜在伴侣的生物学"价值"而言，至关重要。

·对称：我们会被身材匀称的人吸引，尤其是面部匀称。通过实验对比未经调整和经过调整的照片，得出该结论。很可能是由于不对称常与健康状况不良相关。

·可得性：显然，如果被异性吸引背后的目的是生殖，我们就会关注异性的反馈，要让对方欣赏喜欢，而非觉得在挑衅。

曾有一则有趣的实验，向我们证明了相互欣赏在吸引力方面的重要作用。展示面部照片，并通过修图手段将瞳孔放大，被试者认为那些修过的照片中的人更有吸引力。这是由于当你发现某人有吸引力的时候，你自己的瞳孔会放大，这是一种无意识的反应。因此，当你看到照片中的人有着放大的瞳孔的时候，你的大脑会认为他对你有兴趣，你也就会觉得对方更具吸引力。

鸟类如是，蜜蜂亦如是

对人类吸引力最为怪异的研究（怪异的研究还有很多）是关于鸡的。来自斯德哥尔摩大学的研究者通过对鸡进行训练，让鸡来选择男性或女性的面孔。研究发现，鸡偏好的面孔，也是人类认为有吸引力的面孔。该实验存在一定的限制条件，不够权威，但似乎能说明：即使是非人类的观察者，也能识别出吸引力的基本特质。

当然，吸引力与坠入爱河完全是两回事。但也有科学实验研究了恋爱过程。很多人在第一次恋爱时，都会有一些反常举动。研究人员检测了负责搬运神经传递素——血清素至大脑的蛋白质，结果表明，刚坠入爱河的人大脑接受神经传递素的模式，与其他人不同，他们大脑内发生化学反应的模式与强迫症患者相似。

尽管吸引力和交配行为都有着广泛的含义，但生物学上的根本任务莫过于生殖。在现代社会，人们倾向于把上述两点搁置一旁，因为我们自己往往"未能免俗"，而且人类不喜欢"身体决定大脑"这一观点。你的行为受到两种天然需求的影响，它们背后无疑有两点原因：一是为了增加存活概率，二是为了通过生殖传递自己的基因信息。

有时候你会看到一些极端怪异的基因决定论，基因自身希望能被传递下去，生生不息，"自私的基因"由来自此。物理学中"忽略物体移动过程中的滑动摩擦力"或者"将物体简化为球形"等简单化的处理方式，其实与生物学中"基因是自私的"类似。上述理想模型，显然无法帮助我们窥得全貌，并真正了解人类行为与满足感背后的秘密；但是生殖需求的性冲动确实驱动了我们很多行为，如若矢口否认，未免有"一叶障目，不见泰山"之嫌。我们人类有着创造新生命的强烈自然本能。

鱼与熊掌不可兼得

人和鸡的生命都是从一颗卵开始的。尽管人类在生命的早期，并不是躺在窝里、藏在蛋壳里的小小一坨，但不管怎么说也是一枚"蛋"。但人卵与鸡卵的最大区别在于年龄。

人类的卵子极小，毕竟是单个细胞，直径只有0.2毫米，与纸上打印出来的句号（请注意，此处指英文句号"."）大小差不多。最初形成你的卵子，来自你的母亲，而且在你母亲的胚胎时期就已经形成了。由于你有一半的DNA来自母亲，可以认为你早在自己母亲的胚胎时期就已经存在了。计算你的年龄，不应该是从你出生到现在，而是你母亲的年龄加上你的年龄。例如，你出生的时候你母亲30岁，那么你18岁生日的时候，可以说自己已经48岁了。

开启史前模式

如此看来，人类的诞生实在是太过抽象模糊了。一般认为，人类生命的"真正起点"是出生的那一刻，从那时起我们成为了一个独立的生命个体。如果你像我一样，已经年过半百，那你很可能出生于凌晨两点左右。（我就是。）如今很多孩子的出生都可以被人工干预，因此凌晨出生已经愈发少见了。其实人类出生时间选择的天然倾向是凌晨。在一项对动物园大猩猩展开的研究中，我们发现，大约有90%的大猩猩都出生在半夜，即午夜之后不久。

我们似乎从祖先那里继承了选择在"不方便"时刻出生的倾向，这是由于人类作为潜在的"猎物"，半夜出生最安全。人类在技术水平大幅发展之前，往往是捕食者的爪下亡魂，而很少扮演捕食者的角色。婴儿出生的时候，母婴都十分脆弱，因此需要周围的人提供帮助。毕竟在狩猎采集社会中，白天多数人都会出去觅食，无法守护在他们身边。

我们很多的行为与反应，都是为了适应人类物种存在早期的环境，而非适应当下的环境。刚才我们所探讨的，只是其中一个例子。10万年来，我们并没有发生明显的进化。从生物学视角来看，包括大脑在内的我们身体的进化都是为了更好地在10万年前的世界生存，而非我们今天生活的世界。在下一章我们会继续讨论这个话题。我们仍然更害怕蛇，却不害怕汽车。可是，每年有125万人死于道路交通事故，而只有几万人由于被蛇咬伤而丧命（这数万人中，只有少数来自欧美）。

自从智人诞生以来，世界之所以发生着日新月异的变化，都要归功于我们的大脑，以及我们开发出的技术。可能早期人类最大的转变，是从猎物变成了终极捕食者。我们最初使用的技术（包括手里握着的石块），都在推动着人类角色的转变。

在公园中寻找来自石器时代的技术

下面可以证明，人类之所以能"傲视群雄"，原因在于对技术的使用，我们所说的技术是广义上的。你可能会认为巨石阵堪称古代技术水平的巅峰，实则难副盛名。随便找一家公园，漫步其中，你会发现一项沿用至今的古老技术，而且极大地帮助了我们人类完成从猎物到捕食者的飞跃，它就是——狗。

很诡异是不是？狗怎么会是技术呢？它明明是活蹦乱跳的动物啊。其实，狗与它的祖先——狼，有两点鲜明的差异。第一，狗扮演着特定的功能，它们不仅和人类形影不离，而且可以代替我们执行一些任务。第二，狗经过了有意的"基因修饰"，人类对狗的饲养存在特定的意图。这两点区别导致了狗是人工繁育的，而狼则是野生的。

狗的奔跑速度高于人类，嗅觉更为敏锐，下颌更有力量，犬牙比人类的牙齿更大、更锋利。狗既会为你捕猎，又能将你保护。它的角色如此重要，因而成为"人类最忠实的朋友"，也帮助我们成为最强大的捕食者。当我们暂时缺席的时候，狗能起到震慑他人的作用；它还会迷惑其他攻击者，使对方误以为狗非常危险。

狗很忠诚，因此很快它们就不再单纯扮演工具的角色，而是与主人建立起亲密而复杂的关系。在不同时期、不同文化环境中，人们对狗的态度是不同的，人与狗之间关系的复杂性可见一斑。基本上每个文明中都有狗的足迹，但人们对于狗天性的看法是迥异的。在中东文化语境下，狗被认为是肮脏的食腐动物，而英语中很多脏话都与狗有关，这是由于圣经语言将狗贴上了肮脏、懒惰、贪婪、无耻的标签。

千万年过去了，狗的足迹最终还是遍布天下。中世纪晚期，贵族养的"高贵"猎犬可以在家中自由出入；而工作犬则与同一时期的其他动物一样，受到的关爱极少。直到今天，宠物犬和工作犬之间的界限也没有完全消失，而不再分离育种的原因是现在几乎每种狗都扮演着宠物的角色。

历史上的育种行为，都是基于性状作出的筛选，目的是让狗扮演某一特定角色。体格魁梧的獒犬一般作为护卫犬和猎犬；聪明、温和的寻回犬一般用于搜索和寻回猎物；精瘦结实的梗犬能钻进狐狸洞，还会捉老鼠；灵敏的猎犬善于追逐气味。狗和技术一样，也有着高度的灵活性，不同品种的狗可以满足人类的不同需要。

有些狗直到今天还承担着某项功能，当然大多数已经成为宠物。工作犬是人类能力的延伸,最开始驯养狗的那一批人,恐怕做梦也想不到它们能有"鸡犬升天"的今天吧。除捕猎和保护功能之外,今天的狗还可以推小推车、拉雪橇、灭火以及追踪罪犯。在农场里,牧羊犬会不厌其烦地将羊群赶到一起。最初的猎犬如今变得愈发多样化,它们不只是猎人助理,而且被进一步细分为猎犬、导航犬和寻回犬。

狗狗,人类的假肢

最让人惊艳的,莫过于狗可以成为人类身体的延伸。它可以帮助盲人、聋人以及肢体残疾的人。证据表明,很早以前人类就开始使用导盲犬了。公元79年,维苏威火山(Mount Vesuvius)爆发,将意大利古城赫库兰尼姆(Herculaneum)掩埋在了火山灰之下,发掘出土的壁画中,其中一幅描绘的是一条狗带着一位盲人。另有一块来自中世纪的木板,绘有犬类动物帮助盲人的图案。

几本19世纪的书中也都有关于导盲犬的记载,但着墨不多,百年来鲜有人给予关注。直到一战时期,人类才开始有组织地尝试训练导盲犬。在1916年的德国,导盲犬用于帮助战争中失明的士兵。1927年,这一理念漂洋过海,来到美国。彼时的一位名为多萝西·尤斯蒂斯(Dorothy Eustis)的美国女士在瑞士从事驯狗师相关的工作,她发现德国驯养的导盲犬后,写了一篇文章。随后,这篇文章被莫里斯·弗兰克(Morris Frank)读到,他成为美国第一个拥有导盲犬的人,爱犬的名字叫巴迪(Buddy)。

从那以后,导盲犬帮助数以千计的人重新积极面对生活。近期一只导盲犬带着它的主人从下火车一路走到了伦敦帕丁顿车站的出口。穿过如织的行人、通过检票处、路过"小心地滑"警示牌，一路上的"千难万险"仿佛是有意为之，想考验它的业务能力。车站的噪声、"汉堡王"和"卡卡圈坊"飘来的诱人香味、隆隆巨响的大火车，都没有影响到它，一路上狗狗都有条不紊地带着主人以正常速度走出车站。

近期，协助犬的大家族中加入了新成员。助听犬可以帮助它们耳聋的主人接收听力正常的人应该接收并作出反应的声音信号，例如，门铃声、倒车声。尽管助听犬的工作无须像导盲犬一样精准，但它需要在现代社会的嘈杂喧嚣中对声音进行分辨。

第三类协助犬叫服务犬，它们受训后可以帮助肢体残疾者移动或操控物体。我印象很深的是，有些服务犬甚至可以帮助主人操作ATM机。

天然的基因工程

狗狗是拓展人类能力边界的优秀技术产物，但它走到今天，起初并非人类的有意为之，其实只是个意外罢了。尽管狼本不该如此"声名狼藉"，比如，它们其实很少袭击人类。狼是一种恼人的食腐动物，会偷走人类吃剩的猎物，因此我们的祖先需要留心狼的存在。

不难想象，有些狼率先撕掉了"人类敌人"的标签，试探着向人类靠近。可能，那是一个寒冷的冬天，一条狼小心翼翼地溜到人类的火堆旁试图取暖。也可能，其他凶猛的捕食者袭击了人类的营地，狼作为一种群居动物，加入了人类的阵营，奋勇杀敌。于是人类给了狼一些肉作为奖励。自然选择从这一刻开始。随着时间的推移，温顺的狼崽可以更好地融入人类的族群，也就更有可能在人的聚居地周围活动，得到人类给的食物，受到人类的鼓励。几十年过去了，几百年过去了，狗出现了。

还记得第二章"'失发'联盟"一节中，德米特里·别利亚夫（Dmitri Belyaev）的实验吗？在短短40年间，野生银狐就摇身一变成为了类似狗的家养动物，这个过程其实没有那么长。从狼与人类温情初遇的那天起，可能100年后，早期猎人面对的就不再是野狼了。那些在人类营地附近出没的动物，性情与外形都发生了改变。从前竖起的耳朵下垂，毛皮有了不同的颜色，它们把人类当作自己族群的一部分，狗就这样诞生了。

这就是基因工程，它和转基因作物是一样的，都是对某些特定性状进行筛选。人类调整了很多动物和植物以满足自己的需要。下面的两种植物是非常典型的例子：花椰菜和甜玉米。花椰菜是一种突变的甘蓝，花的部分变成了一种坚硬又坑坑洼洼的白色结构，也就是我们现在吃的部分。现在花椰菜的花无法承担其应有的（繁殖）功能，因此必须在人类的帮助下才能繁殖。甜玉米与之相似，多年来，人类选择苞叶更大的玉米，甜玉米也就无法自我播种，而且必须在人类的帮助下才能生长了。

我们刚才提到的这些植物，在野外都无法存活。狗也一样，它不属于什么"天然"的动物。狗是一种人造技术的产物，其实它与原木制成的桌子并没有什么分别。狗无疑是人类用来提升生活质量的早期技术产物之一，巨石阵与狗相比，简直如同玩具一般。没错，巨石阵确实可以提供天文信息，也着实令人敬畏，但是它无用武之地已长达数千年。狗，这一技术产物可以追溯到石器时代，比巨石阵要早3.5万年。狗帮助我们人类的祖先突破自己身体的极限，而且狗的能力仍在不断提升。

神数——23

我们已经知道了，所有生物——不管是狗、我们人类自己，还是我们吃的早饭，都是由个体DNA中的"控制程序"构建的。现在，我们将深入了解DNA这种神奇的化学物质，以及它在我们身体中所扮演的角色。想必大家已经听说了，人体有23对染色体（患有遗传病的人除外），每条染色体中都有一个DNA分子。这些染色体在你的细胞中成对出现（第23号染色体比较特殊，它比较复杂）。

染色体的成对出现，说明你的遗传物质是来源于你的父母。在一对染色体中，一条染色体来自你的母亲，另一条则来自你的父亲。但你胚胎中的每条染色体都"焕然一新"，这个过程似乎丢失了很多遗传信息，因为这两条染色体都是由一对染色体"混合"而成的，这样可以在人类物种延续的过程中保证基因的多样性。

尽管每对染色体中两条染色体上含有的基因是"相同"的（第23号染色体除外，稍后我们会进一步探讨），但你确实需要来自父母二人的染色体。如果受精卵中的一对染色体全部来源于父亲，或者全部来源于母亲，细胞就无法正常发育。这也就凸显了表观遗传学的重要性（见第七章"相同与不同"一节），表观遗传学的研究不限于基因信息，外部因素也会影响基因的表达，对人体健康起着重要作用。

第23号染色体之所以不同,是由于它是男女差异之所在。各位读者,如果你是女性,那么你的两条23号染色体是一样的(每条都叫作X染色体);如果你是男性,那么你的X染色体来自你的母亲,而另一条小得多的Y染色体则来自你的父亲。

每条染色体中都包含一个很长的DNA分子,之前在第三章中讨论过,DNA的分子结构非常之重要。将DNA分子"放大"来看,

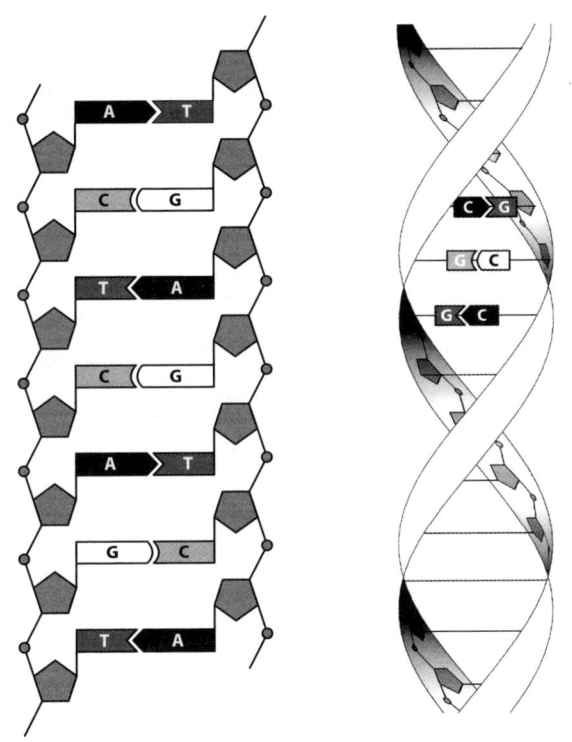

DNA螺旋上的片段,其中突出的"CGG"三个字母代表精氨酸的密码子

就好像螺旋楼梯一样,每一级"台阶"的一侧都由四种碱基中的一种组成:胞嘧啶(C)、鸟嘌呤(G)、腺嘌呤(A)和胸腺嘧啶(T);而另一侧则是与之配对的相应碱基。你的基因,作为生命的密码,并不是独立存在的;它们是DNA分子上的片段。

一个基因是在DNA螺旋楼梯上的多个"三级台阶",这些以三个字母为一组的"单词"是不同DNA密码子(我们使用四种碱基的首字母来加以区分)。例如,有一个"单词"可能是CGG(胞嘧啶、鸟嘌呤、鸟嘌呤)。这些不同的字母组合便是基因的工作原理。这种涉及四种字母的、每三个字母为一组的"单词"对应一种叫作氨基酸的特殊化学物质,也可能是负责终止识别DNA的机制(终止密码子)。密码子CGG,对应的就是一种名为精氨酸的氨基酸。

完整的基因通过一系列密码子来指导蛋白质的合成,蛋白质是人体内的"苦力"。你的身体中有2万到2.5万个基因,但考虑到人体运转的方方面面,其实这个数量并不算多,而且人体的运转也并非基因的"一言堂"。从前阅读生物学书籍,你可能会觉得基因能掌控一切。但自20世纪80年代起,人们开始意识到,人体功能的实现并不只是由基因(调控)决定的。

岂止于基因

秘密潜藏在表观遗传学的两个概念之中,表观遗传学是研究基因之外的编码指令的一门学科。表观遗传学所涉及的理念之一,在于基因并不总是表达的,基因是可以被控制的,它可以表达,也可以不表达。甲基化是导致基因沉默的常见方式，是通过甲基（其实就是一个碳原子与三个氢原子结合的结构）与DNA上碱基的结合实现的。这些小小的甲基就如同标志物一样，来控制基因到底是处于工作状态还是休眠状态。

另一个关于你身体的故事，与那些巨型DNA分子有关。当你听闻自己的基因数比水稻（大米）还少的时候，不知道会做何感想，而且基因的重要工作便是指导组成你身体的蛋白质的合成。但基因其实只占你体内DNA的一小部分；确切来说，只有3%。人们最初认为剩下的97%是没有用的，即所谓的"无用DNA"——进化历程中的残留。其实这种观点是大错特错的。

这些"多余的"DNA中的绝大多数，都有着非常重要的功能。它们并非指导蛋白质的合成，而是指导RNA的合成。RNA是一种与DNA关系密切的单链化合物，参与到基因指导蛋白质合成的历程中。事实上，是基因的"控制程序"指导合成了作为模板的RNA，蛋白质的合成需要依靠该"模板"，在这个过程中，RNA充当信使的角色。

从前人们认为，"无用DNA"合成的RNA只是历史的包袱而已，但实际上RNA自有其价值所在。RNA负责的调节机制，可以开关基因，它在人体生命活动中扮演的角色绝不逊于蛋白质。从前，我们所说的两万多个基因，其实只是个小项目；现在，若将全部DNA分子都囊括在内，则摇身一变，成了大工程。

在这里我想表达的观点是，我们太容易对基因进行过度解读了。表观遗传学告诉我们，不仅是基因参与描绘了人类的生命蓝图。然而很多人都认为，"自私的基因"是生物行为背后的驱动力，"自私的基因"这一概念被理查德·道金斯（Richard Dawkins）的同名名作所大力宣扬，因此难免会落入过分强调基因重要性的窠臼。道金斯的著作成书于表观遗传学崭露头角之前（后来他就这个主题额外增加了一章的内容）。基因的重要性仍不容忽视，但我们现在意识到了基因在整个生物体的"控制程序"中只是相对而言的一小部分。

相同与不同

你应该经常看到如下观点：我们与黑猩猩在遗传学意义上非常接近。确实，人类的基因与黑猩猩出奇地相似。黑猩猩合成的蛋白质，有三分之一是与人类相同的，而其余的三分之二，大多数只有一两对碱基与人类不同。也就是说，黑猩猩合成的一些氨基酸与我们人类不同，但总体来说相似度还是很高的。但是，在那些不指导合成蛋白质的DNA中，黑猩猩的基因存在更多的变异。

对于那些不指导合成蛋白质的DNA，它们会指导合成RNA分子，我们人类修饰这些RNA分子的方式与黑猩猩有所不同。RNA分子合成之后，有数种方式可以对它们进行调整，我们把这个过程称为编辑。人类对这种非编码RNA的编辑能力是首屈一指的，哪怕是我们的表亲——猿类动物也望尘莫及，而且这种编辑过程通常发生在大脑。这也可以解释为什么我们人类大脑的功能与其他动物相比，可谓是一骑绝尘，哪怕这些动物是我们基因上的近亲。

关于这些基因，还有另一点奇怪之处。来自美国密歇根大学安娜堡分校的科学家们比较了人类和黑猩猩的1.4万对等位基因，其中黑猩猩有233个基因由于正向选择而发生了改变，而人类则只有154个基因发生了改变。在上述改变的过程中，自然选择应该是物种获益的方向。该项目的首席研究员评论道："从前认为，我们一定是经历了较大幅度的正向选择，才成为今天地球的主宰。但研究结果推翻了这一观点。"此外，灵长类动物学家维多利亚·霍纳（Victoria Horner）说："我们曾经以为黑猩猩的变化比人类要少，其实并非如此。"

作为外行，我们可能很难理解为何生物学家会有如此"狭隘"之观点。从最早的智人到今天的我们，发生的变化显然要比从古代黑猩猩到现代黑猩猩多。科学家的一孔之见，都是托了原子结构发现人卢瑟福的"洪福"。卢瑟福曾有言："科学，要么是物理学，要么是集邮票。"卢瑟福想表达的是，物理学独具解释性的洞见，而其他科学领域不过是把现有的研究成果分分类罢了，生物学尤其如此。

在那个进化生物学和遗传学尚未诞生的年代，卢瑟福所言也不无道理。直到后来，遗传与进化才给科学界带来了颠覆性的变革。生物学家可能是觉得卢瑟福等人的言论太过伤人，于是过度强调基因的重要性。单纯考虑基因的数量，是无法帮助我们了解动物或植物的复杂性的。水稻的基因数量比人类要多，但即使是最"聪明"的水稻，也无法创作文学作品、探索科学奥妙、畅想美好明天。而表观遗传学告诉我们，"一小撮"基因对生物而言可以产生极大的不同，而大脑就是非常典型的例子。

如果只是根据基因上的变化，就断言黑猩猩比人类发生了更多的改变，显然是盲人摸象了。我们人类不只依靠基因，还拥有精巧绝伦的大脑，而且人类发明创造出的技术和与周围世界相互作用的方式也影响了人类的变化。"黑猩猩在过去的600万年间比人类发生了更多的改变"，这一观点纯属无稽之谈。

百万年来，黑猩猩过着悠然自得的生活，一直以"黑猩猩式的生活"繁衍生息。黑猩猩没能学会飞翔，不能在没有水源的情况下穿越沙漠，无法在太空中生存（除非在人类的帮助下），没有抵御致命疾病的能力，也无缘亲眼看见"诗和远方的田野"。人脑的准演化过程，使黑猩猩远远地落在了进化长路的起跑线上。

克隆，功过是非，谁人评说

克隆恐怕是遗传学中被人误解最深的名词了。好莱坞电影中的情境告诉我们，克隆可以帮助你获取自己的真实拷贝，而不仅仅是镜子里的幻影。克隆生物似乎是在同一物种中复制得到的、与某一个体有着相同DNA的生命个体。但事情的全貌还远不止于此。尽管克隆人迄今为止尚不能实现，但我们有充足的案例可以说明，哪怕多个克隆人在同一环境中成长，个体之间也会存在一定的差异。

现有一个再明显不过的例子，告诉我们克隆人其实是存在的，而且几乎每个人都见过克隆人，而且是天然的克隆人——同卵双胞胎。尽管同卵双胞胎由同一个受精卵分裂而来，有着相同的DNA，成年后的双胞胎显然是两个独特的个体，甚至已经长得不那么像了。

这不仅是由于同卵双胞胎的成长环境有着微小差异，毕竟他们不能体验完全相同的人生。其实，他们从生物学意义上来说也是不同的。第一,人类的遗传密码并非自出生以来就是一成不变的。(基因上的)微小改变会不断累加。例如,细胞的分裂过程伴随着DNA的复制。在这个过程中可能会发生错误,遗传密码会发生小幅度的更改(突变)。从这个角度来看,我们每个人都是突变体。

更重要的是,基因有时也会处于沉默状态。我们已经知道,在外部化学物质的调控下,基因在生命的不同阶段,可以表达,也可以不表达。表观遗传学对于个体发展有着巨大的作用,而且环境无疑影响着基因究竟表达与否。在上述因素的作用下,双胞胎是两个独特的个体,而克隆则是同一个体的拷贝。

当第一只克隆猫在得克萨斯州农工大学诞生的时候,克隆与拷贝的不同之处其实颇有几分讽刺的意味(至少从名字上看是这样的)。它的名字叫作Copycat(缩写为Cc),可见人们觉得它不过是来源于亲代的拷贝罢了,为它提供基因的亲代是三色猫,而Cc却是白虎斑猫。由于代孕猫是虎斑猫,有可能是表观遗传在发挥作用。因此,克隆宠物来延长它陪伴你的时间,是没有意义的。很可能克隆出来的动物与之前的大不一样。

嗨,多莉

回到1996年克隆羊多莉(Dolly)诞生的时候,彼时似乎实现克隆人只是时间问题。克隆人背后的伦理问题极具争议,但放出魔瓶的妖怪恐怕再难收回。更有多个组织宣称已经实现了克隆人,但并没有提供任何证据。因此,可能克隆人技术至今尚未实现,毕竟根据克隆羊多莉的经验,我们意识到克隆技术本身可谓对"业务能力"要求极高。

通常来说，对于人类（以及多数的其他动物）的繁殖过程而言，子代的遗传物质一半来源于父方，而另一半则来源于母方。而克隆的过程则是将一个个体的全部DNA注入一个卵细胞中。克隆羊多莉的DNA就是来自一只已经死去绵羊的乳腺细胞（一直培养在实验室中），于是乎多莉以丰满的歌手多莉·帕顿（Dolly Parton）的名字命名。DNA被注入另一只绵羊未受精的卵细胞中，卵细胞中的细胞核事先已经被移除。

这个特别的"受精卵"在弗兰肯斯坦式（见第五章"从化学能到肌肉的活动"一节）的微弱电脉冲刺激下开始发育（成为胚胎），并被移植到"代孕母亲"的体内，随后，经过正常的胚胎发育过程，最后看上去健康的小羊羔多莉就诞生了。（请注意，克隆个体必须经历生长发育的过程，你无法在一夜之间直接克隆出成熟的动物或人，这种情形只存在于电影中。）

克隆的过程似乎易如反掌，克隆人也仿佛指日可待了。其实根本没有那么容易。首先，研究人员必须保证细胞状态良好，而且细胞不会自动分裂和生长。他们发现，最好使用刚刚开始分裂的细胞，由于营养物质的断供而"暂停"分裂，重启分裂就会很容易。即便如此，多数的实验都以失败告终。

实验开始时，共有276枚细胞，只有29枚被激活，而最终顺利降生的则只有多莉一个。而且事情的发展更不是那样一帆风顺，多莉"英年早逝"，只活到正常绵羊年龄的一半。负责多莉项目的科学家伊恩·维尔穆特（Ian Wilmut）认为多莉死于一种相对常见的感染，但另一种可能则是多莉在年轻时就"老死"了。

端粒出现问题时就可能发生这种情况。端粒是染色体末端的小"帽子"。DNA分子中包含我们的基因,细胞分裂的时候,DNA分子也会分裂,而端粒也会变短一些,该机制可以防止细胞生长的失控。(癌细胞中的端粒处于失控状态。)在多莉的细胞中,端粒的状态与她六岁的亲代供体是一致的,因此克隆个体的预期寿命也就受到了限制,毕竟亲代供体在自身生长和自我修复的过程中,端粒已经变短了。

优雅地变老

衰老这件事似乎很魔幻。我们可以识别出一些衰老机制,其中的很多机制都与我们的生理经历有关。人类在将自己的孩子抚养长大之后,基本就不再承担任何功能了。如果你在质疑现代科学和技术究竟有何用处,别忘了预期寿命(life expectancy)的增长。在中世纪的英国,预期寿命大约为30岁;而在近代早期的英国,大约为50岁;进入20世纪以来,预期寿命已经增至如今的大约80岁。

但是,孤立地看待这些数值其实是具有误导性的。两性之间存在预期寿命差异,这一点为人们所熟知。笔者在写作本书时,女性的预期寿命要比男性长5年左右。可我们不能由于这些统计数字的存在,就断言中世纪的人们在而立之年就要匆匆奔赴黄泉。数世纪以来,预期寿命的增长其实是婴儿死亡率的下降所致,毕竟婴儿的死亡会极大地拉低平均预期寿命。在那个年代,长大成人的你很可能已经超过了平均寿命。例如,如果你在公元1500年年满21周岁,那么你的预期寿命约为70岁。在现代医学诞生之前,三分之二的孩子在4岁前就夭折了。在20世纪之前,多数的葬礼都是为孩子举办的,令人心碎啊。

  克隆尤其容易导致婴儿的死亡。在制造克隆个体的过程中,基因很容易受到损伤。当下的克隆就好比匠人使用锤子和凿子修手表一样。偶尔能成功,但大多数时间还是会损伤到"原件"。人工克隆的个体一般都有遗传问题,因此很多胚胎由于存在严重的缺陷,根本无法存活。猴子胚胎产生缺陷的可能性高于其他哺乳动物,而猿类则高于猴子。由此看来,克隆出一个"毫发无损"的小孩,可能永远都无法实现。任何一位有社会担当的科学家都不会冒险作如此尝试。

  但这并不意味着安全地克隆人的细胞就不可能,而克隆本身也是能给人的健康带来益处的。例如,器官移植的最大问题之一是保护机体的免疫系统会攻击"侵略者"——外来细胞,哪怕这些"侵略者"是救命的植入物。而现在,通过克隆病人自身的细胞得到的器官,就不会再面临排异的风险。

  在本书中,我们只能浅尝辄止地了解人类吸引力法则的表象、原因以及背后的遗传学原理,它们是吸引力的原始驱动力。我们可能很容易将吸引力理解为身体的本能行为。其实错了。人一生中绝大多数的冲动时刻,都是来自身体中最为独特且复杂的部分——大脑。

第八章
大脑，王冠之重

我们一路走来，遨游人体，赞叹蔚为大观的科学世界。但先前所见之种种，很多都不是人类所独有的，在其他动物身上也能找到相似的影子。例如，你的双眼，其实只是平凡无奇的一双眼睛而已。我们在前文所了解到的人体每个部位，其实都会逊于某种动物。但有一个部位非常特别，那就是你的大脑。

你的小脑瓜里装的是什么

大脑是头盖骨里装的一坨看上去不太可口的肉，重约1.5千克，异常复杂。大脑内部有850亿个重要的功能细胞，即神经元。神经元之间的连接大约为1,000万亿个。考虑到大脑的质量只占体重的1%到2%，它确实是高能耗的。人体每产生的约为100瓦的能量（与一只传统电灯泡相当）中，大脑就要使用20%左右。

观察大脑的俯视图，你可能会觉得大脑好像是一整坨肉，仿佛两瓣巨大的粉色核桃。实际上，大脑几乎可以一分为二，在背后由一束名为胼胝体的神经相连。左右脑半球存在一些责任分工。大体而言，左脑半球负责右半部分的身体，包括右眼输入的视觉信息；右脑半球则与之类似，负责左半部分的身体。

传统观点认为，左脑主要承担组织化和结构化的任务。左脑与数字、文字及理性紧密相关，而且更倾向于处理有秩序的事物。因此左脑最喜欢使用分析方法、一步一步地以线性思维解决问题。而右脑则要"情绪化"得多了，它更多地从整体的、宏观的视角来研究这个世界。右脑处理意象、艺术、色彩和音乐。如果你思考的是空间层面的问题、美的问题，是时候动动你的右脑啦。

当然了，上文使用的是简单化的观点。涉及大脑的问题，其实没有什么是简单的。实际上，涉及某一具体问题的时候，可能会有某个脑半球占据主导位置，但其实左右脑都会参与所有的思考活动。可大脑确实有两种明确的运作模式，而在传统观点中，这两种模式可以与两个脑半球联系在一起（于是得名为左脑思维和右脑思维）。大脑的不同模式，在商业场合需要提出新想法的时候，就变得独具现实意义了。

人们在开会的时候，最初都是有条不紊、逐步论证、逻辑严密的。不久之后，与会者的右脑被"关闭"了，创造力也会降低，建立新连接才能产生新点子，而理想状况下，左右脑半球需要同时处于活跃状态。这也解释了为什么散步、听音乐、浏览照片、使用空间思维等，可以使思维迸发出新的火花。这时候右脑半球得到了充分调动。

> **实验：感受你的大脑**
>
> 下面有个简单的方法，帮助你体验两个脑半球所发挥的不同作用。斯特鲁普效应（Stroop effect）可以帮助你对自己的大脑进行实验（无须动手术），并感受左右脑半球的交叉使用。试访问：www.universeinsideyou.com，在"实验"（Experiments）栏目中点击"感受你的大脑"（Feeling your brain），并根据提示操作。

斯特鲁普效应涉及单词和颜色，而单词和颜色分别由不同的脑半球负责调动。哪怕实验要求你专注于颜色，你的大脑——主要是左脑，"看到"的还是单词。而负责识别颜色的右脑，好像"死机"了一样。当你将右脑"强制重启"的时候，是不是能听到右脑中的"齿轮"咯吱咯吱地转动，飞速运转的声音呢？

大脑，不为数学而生

我们已经知道大脑很容易被视觉和听觉信息欺骗。人脑无疑擅长很多任务，但是有些任务在人脑进化完成之后才出现，这时候处理起来就会困难得多。

其中一个例子便是算术。你可以轻易完成家务，电脑却完不成。但是轮到将5,181,408,324开平方的题，恐怕你就要抓耳挠腮了。（答案是71,982。）人类并没有进化出数学能力，数学也不是人类生存的必需品。

涉及概率与统计相关问题的时候,就尤其明显了。概率与我们的日常生活息息相关,而统计则不断登上新闻头条,频频现身政治场合。但大脑进化的结果却是对图像和模式更为敏感,而在面对数字和概率问题时则步履维艰。

下面,我们一起走近三个案例,来看看自己的大脑究竟是不是容易被数字所蛊惑。

开门开门

20世纪60年代,加拿大裔主持人蒙蒂·霍尔(Monty Hall)负责一档名为《成交吧,兄弟》(*Let's Make a Deal*)的美国电视游戏节目。节目揭示了我们人类不擅长处理概率问题的事实。

试想象,你正在节目的录制现场。主持人把你带到三扇门前,其中两扇门后面是山羊(别问我为什么是山羊),而另一扇门后面则是一辆小轿车。你想赢走那辆车,但又不知道它到底在哪扇门后面。下面,主持人让你选择一扇门,选好之后,你有1/3的概率赢走小轿车,2/3的概率遇到山羊。

下面,主持人会打开一扇你没有选的门,门后是一只山羊。然后会给你一个选择的机会:坚持你最初选择的那扇门,或者改选第三扇门。你会怎么选呢?对于你赢走汽车的概率而言,会有什么影响吗?坚持选择和改选第三扇门之间,到底哪种概率更高呢,还是说概率相等呢?

我们都知道,当主持人打开了一扇藏有山羊的门之后,还剩下两扇门:背后是一羊一车。因此,赢走小轿车的概率似乎是

50∶50。其实这是错的，改选第三扇门赢走小轿车的概率是坚持原有选择的两倍。

如果你认为上述结论很荒唐的话，其实这不是你一个人的想法。玛丽莲·沃斯·沙凡特（Marilyn vos Savant）是《大观》（*Parade*）杂志的专栏作家，在杂志中与读者互动。在1990年，她回答了读者关于电视节目的问题，并给出了上文的答案，即改选第三扇门赢走汽车的概率是坚持第一扇门的两倍。之后，她被各类"吐槽"和抱怨的声音淹没了，人们普遍认为两种选择的成功概率是五五开的，甚至有些数学家和学者也这样认为。

你固然可以轻松地使用计算机模拟来解决这一难题，而且确实奏效，但是计算机模拟并不能消除你的挫败感，这明明不合逻辑啊。这其中的关窍在于主持人不是随机开门的。他知道自己打开的门背后一定是山羊。试回想你最开始选择某扇门的那一刻——有2/3的可能性选到山羊，即有2/3的可能性汽车在另外两扇门里。而在主持人打开（一扇背后有山羊的）门之后，就意味着你现在仍然有2/3的可能性赢走汽车。因此在只有一个可换选项的情况下，最好改选第三扇门。

两男孩问题

无巧不成书，沃斯·沙凡特的另一则专栏文章再次引发舆论的不满，而这次同样是令人头疼的概率问题。问题其实很简单：我有两个孩子，其中一个是出生于周二的男孩，那么我有两个男孩的概率是多少呢？若想理解这个问题，不妨先回过头来看一个更简单的版本。我有两个孩子，其中一个是男孩，那么我有两个男孩的概率是多少呢？

你可能会下意识地认为"其中一个孩子是男孩，那么另一个孩子，要么男，要么女，毕竟另外一个孩子是男是女的可能性是五五分的，即有两个男孩的概率是50%。"

很不幸，这是错的。

你可从下表中窥见端倪，第一列中是年龄较大的孩子，老大可能是男，也可能是女，可能性是五五开。下面，第二个孩子是男是女的可能性依然是五五开。因此每一种可能性都是25%。

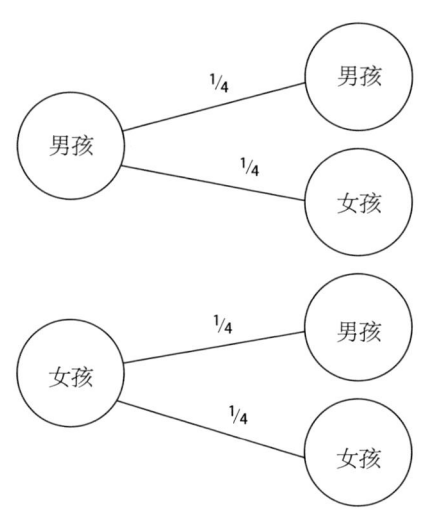

孩子性别的潜在组合

上述组合中，除去"女孩-女孩"组合之外，均满足"我有两个孩子，其中一个是男孩"的要求。因此，我们有三个可能性相当的选项，而其中一个选项为"男孩-男孩"。因此，两个孩子都是男孩的概率为1/3。

你可能会感到惊讶，这是由于"其中一个是男孩"并没有明确指出到底哪个孩子是男孩。如果我们说"老大是男孩"，这时候"常识"便是对的。老大是男孩，那么老二的性别就只有两种相等的可能性——要么男孩，要么女孩，即50∶50。

下面，我们可以进一步研究完整版的问题了。我有两个孩子，其中一个男孩生于周二，那么有两个男孩的概率是多少呢？可能直觉会告诉你"这个孩子究竟是星期几出生的，其实是无用信息。两个孩子都是男孩的概率仍然是1/3。"真正的答案可能会让你惊掉下巴，现在概率变成了13/27，接近50%。

解释这个答案需要再画一张图，但我"懒癌"发作了，请诸君自己动动小脑瓜吧。在图中，第一列有14个小孩。"老大是出生于周日的男孩，老大是出生于周一的男孩，老大是出生于周二的男孩……老大是出生于周日的女孩……老大是出生于周六的女孩。

第一列的每个选项都对应到第二列中的14个选项，老二是出生于周日的男孩……以此类推。

所有组合加起来共有196种，幸运的是大多数都可以抵消掉，我们关注的只是其中一个孩子生于周二。因此我们需要关注到的组合，是14个"老大是生于周二的男孩"，再加上另外13个"老二是生于周二的男孩"，共计27种组合。那么，有几个是"男孩-男孩"的组合呢？前14个中有一半都是符合的，即老二是生于任意一天的男孩。而另外的13个中，有6个对应的是老大是（生于任意一天的）男孩（此时我们没有算上"老大是生于周二的男孩"这种可能性）。因此，结果是7+6=13，即13种两个男孩的组合，两个男孩的概率是13/27。

确实是反常识的，仅仅通过添加"男孩究竟是在星期几出生的"这一条件，我们就增加了"另一个孩子是男孩"的概率。当然我们可以将题干改为"一周中的任意一天"，但这样就行不通了。我能想到唯一的方法就是限制孩子在特定的某天出生，这样就可以排除掉很多其他的可能性。事实上，这种情形就非常接近于"老大是男孩"了，因为我们在增添额外的信息。

计算概率问题，也可以通过计算机建模来得出正确答案。但当下的情形的确令人迷惑。你喜欢概率问题吗？（我应该在这里提一句，这个问题其实并不现实，因为我们假定了生男生女的概率是相等的，孩子在一周中的任意一天出生的概率也是相等的，其实上述两个前提条件都不是完全成立的，当然，做练习的时候，这并不是什么要紧事。）

测试你的理解力

上文的两个例子确实会出现在现实生活中，例如，蒙蒂·霍尔的电视节目中的"解题思路"曾在密西西比河沿岸上演，嗜血赌徒逼迫船夫基于50∶50的假设下注，之后痛下杀手。此外，第三个例子也显示了大脑是多么地不善于解决概率与统计问题，但这些问题对我们有着极大的现实意义——与医学检测有关。其实，医生和我们一样，都存在着理解上的困难。

试想象，现有一种方法，可以检测某种疾病，并且有95%的概率得到正确的检测结果，可见这是个非常出色的检测方法。打个比方，1,000个人中大约有1个人患病，如果放在英国，那便是同一时间约有61,000人患病。下面，随机选取100万人接受检测，而你也囊括在这100万人之中。如果你的检测结果呈阳性，那么你患病的概率是多大呢？

你知道检测结果有95%的可能性是准确的，你可能就认为患病的概率为95%，但实际结果要乐观得多。受检的100万人中，大约有1,000人患病，而在这1,000人中，由于产生准确结果的概率为95%，那么有950人检测结果为（准确的）阳性（患病），而50人为（错误的）阴性（不患病）。99.9万人是不患病的，其中94.905万人收到（准确的）阴性检测结果（不患病），而4.995万人收到了（错误的）阳性检测结果（患病）。

这也就意味着在全部（49,950+950=）50,900个收到阳性检测结果的人中，有98%的人收到的检测结果都是错误的。如果你的检测结果是阳性，其实患病的概率只有2%。可能本案例使用的数字有些极端，但它其实适用于被广泛应用且概率较低的任何检测，阳性的检测结果很可能是误检。得到恼人的检测结果，还会导致复检，因此这个问题不容小觑。笔者想再次重申的是，人脑进化真的不是用于理解概率问题的。

此为何意？

每当我们的大脑遇到概率与统计问题时，不妨三思而后行，以确保自己真正理解发生了什么。另外，要保证其他人也能正确使用统计工具。对于政府部门、报纸和电视新闻而言，他们也会犯同样的错误。

检测我们使用的统计工具之时，需要尽可能全面地了解情况——在你相信那些吓人的数值之前，先广泛地搜索信息。例如，你可能听说过，你所居住社区的犯罪率自去年起上升了100%，是不是该搬家了？但请你注意，真正需要考虑的是真实的数值，如果犯罪数从一起案件，上升至两起，那么增长比例确实为100%，但你却无须太过担忧社区的安全状况。

处理多感官输入的任务时，要尤其注意保持头脑清醒哦。开展于20世纪90年代末的一项研究是个绝佳的例子，研究对象在大街上被拦住，并且被问路，在使用地图帮人指路的过程中，几个技术工人搬着一扇门走过来，工人们会从问路人和研究对象之间穿过，而问路的人其实是其中的一名研究人员。

当那扇门挡住了研究对象的视线的时候，问路的人会和其中一个工人交换位置，此时研究对象有50%的概率根本就不会注意到他给一个完全不同的人指了路，因为他太过关注手头的任务了。尽管在法庭中的我们信誓旦旦，但其实我们并不能非常密切地关注到自己身边发生了什么。

万望切记

记忆也同样可能出现瑕疵。你从很大程度上来说，都是由你的记忆组成的；没有记忆，就没有现在的你。然而，你所珍视的很多记忆都是"假的"，有些记忆是事件发生很久之后才被构建起来的。有些记忆是源于一张照片、一段视频或者一起事件，另一些则是受我们的观点影响，例如，我们记住的都是相对极端的情形。如果某个夏天中的某一天非常热，我们会倾向于认为整个夏天都很热。我们也会更加侧重最近发生的事情，如果一整个月天气都很好，但最后一周却很潮湿，可能我们就会抱怨没能拥有一个好的夏天。

另一个问题在于，记忆本身是基于我们观察和捕获信息的能力的。正如我们所见，大脑给你生成的图像是非常主观的。因此，你很容易就会"看到"根本不存在的东西，或者是"看不到"存在的东西，随后错误的记忆就变成了"事实"留在脑海里。

不久前，有人告诉我，他曾经见到我一边遛狗、一边打电话——观察得很是细致入微。唯一的问题是：我那天根本就不在家，更不用说遛狗了。可见，观察、认知和记忆都未必是可靠的。试想象，有人自认为见过我，随后又目睹了一起谋杀案。他可能会"高高兴兴"地在法庭中宣誓作证，声称见到我杀人了，可我根本就没去过案发现场。如果庭审只依靠目击证据，尤其是已经过去了一段时间的记忆的话，我们不得不担忧这种判决的结果啊。

实验：计算传球次数

这是个非常著名的实验，哪怕做过，也请你再尝试一次——新版实验。如果坚持到最后，你会觉得很有意思。试访问：www.universeinsideyou.com，在"实验"（Experiments）栏目中点击"计算传球次数"（Counting the passes）。实验会要求你计

> 算穿白色衣服的人传球的次数，跟上这种快进度游戏的节奏其实是很难的（与数字和记忆有关），因此你真的需要努力集中注意力，来观察到底是谁在传球。

尽管每个人的观察结果不甚相同，但有超过50%的人都无法准确地观察并得出正确结论，你的大脑究竟有多么容易犯错，对于这一点，可能已经不令人意外了。而且这些错误往往引人发笑，而非令人担忧，例如，视错觉其实挺有意思的。无论如何，只要我们需要依赖自己的能力来回忆混乱环境中发生的情况，就需要意识到自己大脑的局限性。

记忆会以奇怪的方式"罢工"。我们可能会看到一张熟悉的面孔却叫不出名字来，而这张脸是储存在记忆中的。你也完全可能忘记自己的电话号码，哪怕它是一串被反复使用的数字。而最恼火的事情莫过于，所记的内容往往不是该记得的全部，有那么几次，你知道自己该记得些什么，却忘了该记住的到底是什么！

两种不同的记忆方式

容易对记忆产生误解的原因之一，在于我们太过熟悉电脑了，而且往往会假定电脑记忆与人类记忆有着相似之处。但事实并非如此。

计算机记忆是由特定数值构成的——0或1，它们储存在特定位置。每个位置对应一个地址，你可以直接访问该位置，并查询数值。因此，查找每个数值是非常方便的，计算机不会在匆忙之间忘掉电话号码到底是多少。而相比之下，你的大脑不会将某一段记忆储存在特定的位置，也没有直接访问某个特定数值的路径。信息是以模式和图像的形式储存在大脑中的，这也可以解释为什么你的大脑并不善于记忆电话号码。但是人脑对于人脸的识别能力是要比计算机强得多的。

记住这个程序

大脑中的记忆分为几种鲜明的类型，最低等级的是程序记忆。程序记忆会告诉你如何做某事，它发生在小脑和胼胝体中。小脑是人脑最为原始的部分，与很多动物都有相似之处；而胼胝体则是联络左右大脑半球的纤维构成的纤维束板。

程序记忆的获取速度要显著高于较高等级形式的记忆，而且是在无意识的状态下获取的。如果你和我一样可以盲打，那么很容易就能发现程序记忆与有意记忆是不一样的。笔者在输入这行字的时候，并没有盯着键盘看，而且也没有思考过键盘上每个字母的具体位置。我只是思考每个字是什么，手指就"自动"输入了。程序记忆控制的是我的手指放在哪里、什么时候摁下键盘。

如果要回忆起某个特定的字母具体在键盘上的哪个位置，比如字母"N"吧，我是做不到的，也无法给你答案。但我可以不假思索地在键盘上敲出"N"这个字母——我拥有关于键盘的程序记忆，但没有关于键盘的较高级的记忆。对于"老司机"来说，亦是如此。学习驾驶汽车的过程中，你必须意识到该做些什么；怎么换挡、什么时候换挡等等。熟能生巧之后，驾车技能就被储存在程序记忆中了，你也就可以无意识地完成了。

不要忘记它

在意识层面较高级的记忆形式，是由多个大脑区域共同实现的。广义上讲，可以分为短时记忆（又名工作记忆）和长时记忆。前额叶位于前额的后部，负责短时记忆。你可能会觉得海马体长得像海马才有的这个名字（其实不像哦！），它位于大脑中部，负责管理长时记忆。当然，这些记忆本身其实是分布于大脑的不同区域的。

短时记忆和长时记忆的最大区别之一，在于我们可以控制短时记忆，将它有意识地储存在短时记忆"槽"中，但我们是无法控制长时记忆的。你不能将某某"标为红旗"，它不会就这样成为记忆并且自动地留存在你的脑海中，你需要不断巩固、强化。每每想到这点，你可能会觉得紧张，毕竟人类自认为是理性的。大脑最重要的功能之一，便是定义了"你之所以是你"，可你却不能直接控制该功能。

大脑是一个拥有固有模式的系统，也是一种常见的自然现象。某条神经通路使用得越多，它就越容易被使用。如果你将神经元之间的连接看作电路的话，随着时间的推移，电线会变得越来越粗，再次使用这根电线也就越来越容易。因此，不断地提取某段记忆，会让检索过程变得愈发容易，这就是复习背后的机制。

在压力环境下，你的大脑会更多地依靠那些"很多人走过的路"（经常被使用的神经通路）。这也可以解释为什么轻松的环境更容易激发人的创造力，而承受压力时人往往更为因循守旧。你在放松的时候，大脑就有机会使用那些较"细"的、使用频率较低的神经通路，奇思妙想也就得以涌现了。

熟悉的面孔

我们记忆的工作原理和计算机是不一样的，对信息完成处理之后，信息会更容易被大脑接受，而且从记忆中提取信息也会更容易。譬如你想记住某个人的名字，方法很简单：将这个名字与某张图像联系在一起，尽量保证图像多彩、清晰、形象（甚至有趣），随后将这张图片与这个人在你脑海中的形象联系在一起。

下面我来举个例子，25年前的我第一次听说这种记忆方法的时候，决心一试。在午餐时间，我偶然路过一家药店，决定记下来我见到的第一个戴着名牌的人的名字。我至今都记得她的名字叫安·伊布勒（Ann Hibble），构建的图像是一只（巨大的、紫色的）河马（hippopotamus）从药店的地板中冲出来，啃食那位女士的脚趾。哎，河马啃指甲了——安·伊布勒（*An hippo nibbling*—Ann Hibble）。

我们已经知道了，不管是左脑半球还是右脑半球，颜色、运动、事件等，都需要调动大脑的特定功能。因此，构建的图像如果包括颜色、运动和事件，那么相对应的大脑区域就要被调动起来，包括负责文字的区域也会自然而然地参与进来。记忆会同时储存于左脑半球和右脑半球中，因此每个区域都有着特定的作用。

上述记忆名字的方法，其实是蒙骗了你的大脑。你将这个记忆过程乔装之后，使它更适应大脑进化出的功能。人脑更善于识别模式和图像，以及我们身边五彩斑斓的世界。因此，强行将图像与名字联系在一起的时候，我们将文字信息隐藏在视觉信息之中，名字也就更容易被我们的记忆所储存。

如果没有定期地回顾这个故事来强化记忆，我很可能记不住安·伊布勒（Ann Hibble）这个名字。如果你想要牢记某件事情，就需要反复在脑海中"排练"，将这段记忆挖掘出来并定期重复，这时候神经元之间的连接会变粗。理想的情况，便是以不断增长的时间间隔进行重复：一个小时、一天、一周、一个月、半年、一年……坚持做到，这段记忆就会伴随你一生。

记下我的电话号码

名字尚且可以与物体和图像联系在一起，而数字则更为抽象，对大脑来说也更为陌生。第一次接触数字的时候，首先要面对的问题就是短时记忆的容量有限。你只能同时思考大概七件事，才能保证没有什么事情突然闯入脑海又被忘掉。不幸的是，电话号码一般都有11位数，已经超过了你的短时记忆容量。

下面举个例子，我随手写了一个电话号码：02073035629，作为11个独立的数字，记忆起来会比较困难。这也可以解释为什么电话号码会被分成好几段，如果将号码一小段、一小段地分开记忆，这些数字就可以被填充到短时记忆中。

似是故"人"来

记忆当然不是人类独有的,经常接触动物的人都知道,动物的记忆会对它们的行为产生影响。哪怕是"卑微"如金鱼,想要记点什么也完全不在话下。遗憾的是,关于金鱼只有三秒钟记忆的传说,现在已经被改写成一则笑话:"正因为我只有三秒钟的记忆,人们觉得我永远都吃不腻鱼饲料……哇,鱼食来啦!"好吧,这个笑话有点冷。

但养金鱼的人都知道,金鱼的记性其实好得很。当它们知道自己快要被"投喂"的时候,就会在池塘或鱼缸的特定位置等待。另有一档电视节目,甚至教会了金鱼走迷宫。关于金鱼三秒钟记忆的论调,不过是些小道消息而已,就好比有人认为智能与记忆有关一样,事实上二者之间的关联甚少。

大脑的涂鸦

大脑无疑是人类引以为傲的资本,文字又是扩展大脑功能的方式之一。文字的神奇之处,在于它实现了大脑与大脑之间的交流沟通。以本书为例,笔者与各位读者实现了沟通,哪怕"与君隔山海",幸运的是"山海皆可平",时间和空间的障碍无法将我们阻隔。

在自然界,沟通在很多方面是受限的。绝大多数的动物间和植物间的沟通,都需在同一时间、同一地点进行。少数情况下使用化学信号作为通信手段,化学信号可以保留一段时间,但在经历合成、损耗之后,信号就永远地消失了。而文字则不受限制。请你从书架上取下一本书,阅读书上的文字。文章千古事,书籍作者可能与你相隔数千公里,甚至早在几千年前就驾鹤西去了。更有可能的一种情况是,你与"躺在自家书架上"的逝者进行的沟通,比与活人的沟通还多。而且某位书籍作者恰好住在你家附近的概率,几乎为零。当你读到笔者现在(格林尼治标准时间2011年10月4日星期二下午13:32)写下的文字之时,恐怕已经过去几个月,甚至几年了。

当然,除却写作,今天的我们还有很多种更为实时的沟通方式,但它们无法像写作一样经受得住时光的洗礼。文字一旦被记录下来,十年,甚至一百年,一千年,留下的印记都不会被磨灭。就在刚才,一位纽约股票经纪人猝不及防的电话问候,不过是一片浪花,转瞬之间就淹没在了时光的长河中;也像是一声狼嚎划破寂静长空,没有任何实际意义(幸好现在是下午时分,晚上听到狼叫还是有点瘆人的)。

文字对于我们的技术社会发展而言是至关重要的,没有写作,就不会有科学,而只有玄学。如果不能在既有经验的基础上更上一层楼,人类就只能闭门造车。能在"油管"(YouTube)上观看视频,谁还会读书呢,因此计算机技术经常被视为文字的天敌。其实不然,没有文字就无法编写计算机软件,也无法开发硬件,而且互联网上很多内容也都是基于文字的。

如画的文字

广义上说,文字是我们大脑的延伸,文字将人脑中的信息提取、储存起来，以便在不同的时间、不同的地点被另一个人的大脑再次访问。最初的"文字"是以图片的形式出现的，洞穴壁画中的人像、动物图案和手印，可追溯至至少3万年前。这些壁画可不是什么抽象的涂鸦，而是一种沟通交流的手段。壁画被固定在特定的空间里，创作的过程缓慢，而且难以理解。但它确实经受住了岁月的洗礼。

很多年之后，直白的图片转化成为象形图，象形图仍然是可识别的图片，但更为程式化，创作时间于是变短，而且外观也更趋于一致。一张象形图往往代表一个物体，或是一个微妙的概念。比如有这么一幅象形图：地上的水果，然后是一双手，最后是一篮水果；想要解密其中的信息，恐怕不需要有绝世的才华吧。

此类系统的问题在于符号过多，为了解决这个问题，可以使用不同的符号来分别代表水果、篮子和地面，并且以某种纽带将它们联系在一起。例如，使用某种表示"联系"的符号来表达"上面"和"里面"，将水果、篮子和地面组合在一起。这时候，简单的象形图就进化成表意图了，表意图囊括了"上面"之类的抽象概念。

上文也就意味着"类文字"的出现，真正的文字是类文字的直系后裔。在距今6,000至9,000年前，符号由于具有了某种程度的视觉结构，因而用来传达简单的信息。我们很难判断类文字出现的具体时间，但很多考古学家认为，在罗马尼亚中部（曾为特兰西瓦尼亚［Transylvania］的一部分）的村庄出土的特尔特里亚图章（Tărtăria tablets）是已知的早期类文字的最佳范本。特尔特里亚图章是几英寸宽的陶片，上面绘有程式化的图像、符号和线条。它们当然有可能只是装饰，但是还是清晰地显示出一个人想要向另一个人传递信息的迹象。

文字也"拼爹"

历史的舞台再一次拉开帷幕，下面登场的是最著名的文字系统——古埃及象形文字。虽然它仍然是象形文字和表意文字的结合，但变得更加规范了。这些象形文字最大的进展在于，这些图像有的代表文字，有的代表部分文字。在古埃及，象形文字无须费力就能读懂，但只在出于特定的目的时才使用。象形文字的创作过程缓慢，而且不适合记账等用途。同时，僧侣体文字作为另一个系统，也与象形文字一起经历演变。僧侣体仍然是基于视觉符号的，但相较于之前的文字，它与现代文字的相似度要高得多了。

率先使用真正的文字的，并非是埃及人，很可能是在同时代的另一个区域强国——苏美尔（Sumer），那里的人开创了（书面）文字系统的先河，即楔形文字。楔形文字由楔子形状的符号组合在一起，有点像大头钉的侧视图，也有点像笔尖的部分。乍看上去，你可能会觉得它们只能用来计数，实则不然，楔形文字还能做很多事情，它是人脑的延伸，实现了信息在人与人之间的传播。

在大约4,000年前，文字狂潮"席卷全球"，汉字系统就是那个时候出现的。汉字使用了大量的符号（大约5,000个）来代表文字或者文字的一部分。英语字母系统（alphabet），则历经"筚路蓝缕"，终"以启山林"。"alphabet"这个单词，向我们诉说了它远在希腊的故乡（"alpha"和"beta"是希腊字母系统中的前两个字母），而它真正走过的路还要更加曲折。

从辅音文字到全音位文字

英语已知最早的祖先可追溯至原始迦南文字（proto-Canaanite alphabet），它严格来说属于一种辅音文字，即一种没有元音的文字系统。元音要么通过位置体现出来，要么被标记出来，就好像不同的口音一样。在大约3,500年前，中东地区的人们使用迦南字母，之后它们被腓尼基（Phoenician）字母所取代。该系统后来演化为希腊语和阿拉米语的字母（Greek and Aramaic lettering）。一般认为希腊语是第一个同时包含元音和辅音的文字系统，于大约3,000年前形成。

西方大部分国家和地区使用的拉丁字母（或罗马字母）源于希腊字母，拉丁文（拉丁语：*Lingua Latīna*；英语：Latin）也逐步成为文字发展历史长河中的一支，正如在当今世界，随着美国话语权的提升与互联网的普及，英语成为世界通用的语言。彼时的罗马帝国将它的官方语言——拉丁字母，传播到帝国的每一个角落，拉丁语甚至在帝国覆灭后的一千多年间仍葆有旺盛的生命力。哪怕到了1687年，牛顿的巨著《自然哲学的数学原理》（*Philosophiae Naturalis Principia Mathematica*）仍然用拉丁语行文。而他在1704年问世的《光学》（*Opticks*）一书，虽用英语写就，但后来为面向更广泛的读者群体，被翻译成拉丁文。

似是而非的大写字母

我们熟悉的罗马文字体系是罗马版本的"象形文字"，它也是我们英文大写字母中的一部分，主要用于石刻和公告。日常书写则是使用罗马草书，外观介于大写和现代的小写字母之间。最初，这些字母的大小与位置有所不同，但后来随着时间的推移，变得愈发标准化，也越来越接近现在的小写字母。大写与草书原本属于两个不同的书体框架，写作者可以选择其中之一。但大写字母逐渐融入到草书中，起强调作用。

大写字母的使用规则，经历了很长时间才得以确立。例如，在英语中，大写一度只用来强调一个新部分的开始，比如在句子的开头使用大写。在现代德语中，曾经每个单词的开头都使用大写字母，后期经过妥协才采纳今天的规则。在活字印刷术出现之后，到电脑、打印机问世之前，这两种类型的字母才被分别称为大写和小写。活字印刷将有着不同字母的金属块排列在一起，才能得到一页印刷品。大写字母被保存在位置较高的箱子活抽屉中，而小写字母则放置于位置较低的箱子里。

现在我们终于领悟到文字的力量，它帮助人类从自己的大脑中获益，从此人类在这个星球上"一骑绝尘"。你能做的很多事情都离不开文字的功劳，有了文字才能汲取先贤的智慧，不断拓展自己大脑的能力边界。为维持身体运转，需要摄取食物，你可以通过在线下单购买来自大洋彼岸的珍馐；为防止忘记重要事宜，你可以在便利贴上记下待办事项来时刻提醒自己。而这些还只是文字的直接作用而已。

如果没有文字，今天的你和10万年前的祖先其实没有什么不同。简单举几个例子吧，有了文字，才能有法律、科学和文学。当然，文字诞生之前，口头传颂自有其用武之地，例如，很多传说由此传承。但是，文字对人类的影响是巨大的。言语的作用不可小觑，当问题太过复杂的时候，就不得不使用文字进行补充。

文字的力量是无穷的，我们中的很多人都会认为它有一种神奇的魔力。书和书店的特别之处在于，实体书能带给你一种真切的满足感。（同样，像谷歌这样的互联网搜索引擎也会带给你一种特别的感觉，但它的魅力另当别论。）我是一名作家，当然会认为书很特别，因为这是我的"饭碗"。但书带给人的特别感觉，其实很多人都感同身受。当文字与实践技能结合在一起的时候，人类便所向披靡，几乎无所不能。

人脑还是电脑？

相信你会对自己的大脑感到惊奇，也会赞叹文字作为思想载体的无边法力。但人类智能的某些方面或可被电脑赶超。前文已经提到过，任何一台老式个人计算机在算术方面很可能会"秒杀"我们中的任何一个人。在电脑面前，象棋大师也惨遭败北。而在其他情形中，我们只需做好自己，"图灵测试"就是个很好的例子。

该测试由艾伦·图灵（Alan Turing）设计，图灵是一位密码破译和计算机科学领域的先驱。图灵测试可用于判断计算机是否足够成熟并可与人类智能一较高下。如果你坐在房间中，通过网线与"某人"沟通，却不能判断"某人"究竟是人，还是机器，这时候就可以认为计算机已经在一定程度上实现了人工智能。

多年来，人们编写出不同的程序，这些程序在与人类互动时颇具信服力，而且也取得了不同程度的成功。

> **实验：与计算机对话**
>
> 试访问：www.universeinsideyou.com，在"实验"（*Experiments*）栏目中点击"与计算机对话"（*Talking to computers*）。首先，点击"伊莉莎"（Eliza），它是最早实现与人对话的计算机程序之一，编写于20世纪60年代中期。伊莉莎所扮演的角色与精神治疗师相似，可以对你的讲话内容作出回应。伊莉莎很容易就会犯错，如果你有心一试并且不表现得太过聪明的话，对话质量之高，简直令人惊讶。
>
> 下面，请你向下滚动鼠标，点击"智能机器人"（Cleverbot），它是最为出色的现代"聊天机器人"（chatbots）之一，这类程序的名字亦是由来自此。哪怕"智能机器人"相对来说也容易被你带"跑偏"，但与伊莉莎相比，它显得更加"身怀绝技"，也更像人。

在2011年印度的古瓦哈提科技节（Techniche Festival in Guwahati）上，一种具有聊天功能的"智能机器人"（cleverbot）通过了图灵测试，至少是被某些专家宣布通过了图灵测试。在测试中，30名志愿者通过打字的方式与对方聊天，而聊天对象一半是人类，另一半则是聊天机器人。随后，包括志愿者在内的1,334人进行投票，选出他们认为的"人"，其中认为"智能机器人"是人类的投票者占比达到59%。因此，展会组织方（以及《新科学人》[*New Scientist*]杂志）主张该软件通过了图灵测试。

同时，63%的投票者认为真人聊天对象是人类。而其余真人实验参与者竟被认为是计算机,这有点儿尴尬。但我并不认为"智能机器人"在严格意义上通过了图灵测试。首先,聊天的时间只有4分钟,机器人的开发者也就可以采用一些短时会话策略,而这些策略在具有一定深度的对话中是不奏效的,我猜图灵本人也意识到了这点。

此外,活动举办的地点也值得我们关注,报告中也没有披露一条关键信息——参与投票的观众中,有多少人的母语是英语。如果我没有猜错的话,很多投票者的母语都不是英语,或者他们使用的英语不包含西方文化背景中的常见习语。这时候投票人就很难准确判断聊天对象究竟是"李逵"还是"李鬼"。

"杀"生而取义乎?

信口开河是一回事,而道德抉择却是另外一回事。很难想象,计算机编程可以帮助我们理解伦理问题。毕竟,我们甚至不能清晰地阐明我们人类自己的道德观念。理论或能看上去简单明了,诉诸实践时,决策容易,但要解释其正当性却不易。下面有一个著名的例子……

试想象你身处铁路控制中心,一辆失控的火车正沿着铁道一路狂奔,而你又无法制动。到了千钧一发的时刻,你可以选择改变列车的通行线路。在原有的A线路上,20个人正在铁道上庆祝铁路慈善团体的成立,他们会瞬间殒命。如果按下开关将火车改为B线路,一个正在铁道上清扫垃圾的人就会命丧黄泉。

我们再来重复一遍问题。如果按下开关,你会直接导致一个无辜的人失去生命；如果不按开关，则是20个人的死亡。你会如何抉择呢？请你作出决策之后，再继续阅读。

下面我们修改一下问题。试想象你正站在铁路上方的桥上，同一辆失控的火车正沿着铁道一路狂奔，你同样是无法制动，同样会有20个人在瞬间殒命。你下方的铁道上有一个压力开关，可以将火车转向另一条安全的线路，而且不会伤害到任何人。但触发开关的唯一方式是将某个两倍于你体重的"庞然大物"扔过去，而现在恰好有一个"吨位较大"的人摇摇欲坠地坐在桥栏杆上……

如果你把那个人推下桥的话，他肯定会命丧火车车轮，但另外20个人却得救了。如果你什么都不做，会有20个人失去生命。你会怎么选？

多数人都会选择按下按键，牺牲一个人的性命来救另外20个人；但很多人做不到将另外一个人从桥上推下去。显然，它们的结果都是一样的。

心理学可以帮助你洞悉其中的奥秘。通过按下按键来远程地"杀生取义"受到的道德约束较小；但奇怪的是，你无法面对那个"手上沾血"的自己。心理学家指出，双方交战时，技术的进步已经使得战争脱离肉搏，转而使用子弹和导弹，这时候发生的情况与上文的伦理问题相似。但我个人认为，这个思想实验能够帮助我们了解自己的道德体系，这确实不假，但仍然存在瑕疵。

问题在于，上述两种情形并非有着同等的合理性。第一种情形是可能真实发生的，我们确实可以按下开关，转换车道，"以一命抵二十"。但是，一个需要两倍于你体重的物体才能触发的压力开关，以及碰巧遇到一个坐在那里并且体重"明码标价"的人，可能性其实微乎其微。这则实验原始版本的措辞，甚至还要更不靠谱。原文中的表述为：一个人的体重大到可以凭借"一己之力"拦住火车。可见，有些心理学家的物理知识储备还真是不太过关呢。

比这更糟的是，心理学家还忘记了概率的影响。第一则实验，不仅情境本身更可信，而且除去技术故障，只要按下按钮，火车就一定会转向。但哪怕有人告诉你第二个实验会产生同样的效果，你把一个人从桥上推下去，也有可能会出问题，例如，他可能会落在错的地方。第二则实验中，即使排除了直接动手杀人的伦理考量，高不确定性也意味着人们更不可能选择它。

信任与最后通牒

另一则实验可以帮助你洞悉信任的力量，也可以了解我们如何在决策过程中平衡逻辑和情感，这点是计算机做不到的。我们无时无刻不在决策，而且这个游戏也非常接近决策的核心问题，决策过程其实比看上去的要复杂得多。这个实验的名字叫作最后通牒博弈（ultimatum game）。

> **实验：最后通牒博弈**
>
> 你可以在朋友聚会时进行实验（或者在酒吧试一试）。
>
> 完成实验需要两个人和一小笔钱，另外这笔钱可能会作为"实验资金"而被挥霍，做好准备哦。
>
> 告诉两人你要进行一项简单的实验，并解释规则：他们需

> 要根据钱的分配来作出决策，但不能与对方商量。把纸币放在桌子上，这样它就是真实存在、清晰可见的一笔钱。告诉两人：这笔钱将被他们"分享"，没有任何附加条件，但需要做简单的决策。
>
> 第一个人需要决定钱以何种比例分为两份，他可以随意分配——可以五五分，可以自己独享，也可以按照其他任意比例。（建议你尽量使用零钱，方便分配。）决策者不能谈论他的决定，只能宣布结果。第二个人有两种选择：要么同意，按照第一位决策者的分配方案把钱拿走；要么拒绝，这时候两个人都是一分钱也拿不到。

该实验在不同环境中实施过数次，按照逻辑分析，只要能分得一点点钱，哪怕是少得可怜的1便士，第二个人都会同意。但就实际结果而言，只要分得的钱不够公平合理，第二个人都会倾向于拒绝分配。

这笔钱的分配究竟合理与否，判断标准也因文化而异。有些人可以接受15%，而另外一些人则需要平分。在欧洲和美国，一般情况下不少于30%的分配比例才能被接受。

这个实验体现的是我们心目中信任与公平的价格，我们愿意用钱来为正义买单。如果人类思考事物的逻辑完全是基于经济学原理，是不可能得出这样的实验结果的，毕竟这时候哪怕是一分钱，人们都会接受。但你大脑的决策系统是一系列复杂因素的组合，而非单纯地向"钱"看。

但这也不意味着我们复杂的决策系统中就完全没有一丝的"铜臭味"。举个例子，身价十亿的富豪参与这个游戏，并且决定与你一起将1,000万英镑的财富分成两份，这时候哪怕只分给你50万英镑——5%的比例，你也会开开心心地接受这一结果。除非你自己也过着一掷千金的日子，50万英镑可谓是"乞儿暴富"了，因此人们就不太可能只为了给对方一个教训，而坚持公平正义。

这个实验真的很有意思，人们在巨额财富面前，哪怕分配的比例再低，十有八九还是会接受。从50万英镑到1英镑（绝大多数人都会拒绝1英镑吧），你的"底线"究竟在何处呢？

权衡

这个游戏似乎可以直接反映大脑的决策系统是如何运转的，决策时不同的因素有着不同的权重。权重越高，对决策的影响越大。不同的加权值被相加在一起，权重最高的选项最终会脱颖而出。在最后通牒博弈中，被赋权的因素可能包括：

- 一共有多少钱？
- 你现在有多少钱，认为自己需要多少钱？（分给你的这部分钱对于你和你的生活而言有多重要？）
- 另一人提出的分配方案是否公平？
- 这件事是真的吗？（你是否会真的拿到钱，还是说这件事仅仅是个假设？）
- 你和另外一个人的关系如何？

如果使用计算机，便需要将分数与权重相乘，再进行比较。而在大脑中也是类似的方法,只不过它更多地是使用电脉冲或高浓度的化学物质,但效果几乎是一样的。

多变的决策

我们人类倾向于认为自己作出的决策是符合逻辑的。当然不是史波克(Mr. Spock)[①]式冰冷的"唯利是图"逻辑,而是给予人与人之间关系以充分考量。信任和公正是与钱同等重要的。人类只有将所有因素都考虑在内,才是真正地遵循逻辑。但这样一来,我们很容易就会错过真正影响决策的事物。其实你的决策可能会赋予短期的愉悦以更高的权重,但从长期而言可能并没有什么好处。

你会发现,这种情形其实无处不在。不管是相对温和的个人选择——暴饮暴食那些可口却又不健康的垃圾食品、巧克力棒,还是生死攸关的大事——吸毒或参与高危活动。人类其实并不善于将长期影响纳入我们的考虑范畴。我们会意识到这些因素的存在,也深知影响究竟几何,但短期收益往往会占上风,从而忽视了长期利益。

就传统而言,经济学家其实不擅长理解人类的决策。他们曾认为人类作出的都是理性行为,是"完美"且"合理"的,往往追求的是个人经济利益的最大化。其实就真实的人性而言,实在是"很傻很天真",而且人们也愈发认识到了这个现实。

---

① 《星际迷航》中的主角之一。——译者注

这是不是你？

举个简单的例子吧——买彩票。赢彩票的可能性微乎其微，几百万分之一吧（确切而言，英国乐透的概率为1/13,983,816）。这个数值和你遇到空难，或者被闪电击中的概率差不多。但每周还是会有很多人去买彩票，这是为什么呢？

这部分地反映了我们对概率问题的无能为力。试想象，某天我们发现开奖结果是"1，2，3，4，5，6"——恐怕会引发众怒吧。如果公众认为开奖机制出了问题倒也罢了，怕就怕有舞弊的嫌疑。可能会有人在议会①上提出质疑。但其实，"1，2，3，4，5，6"出现的可能性，与上周六出现的数字的可能性是相等的。（上周六的开奖结果为"29，9，15，39，17，30"。）

我们只有看到"1，2，3，4，5，6"这样的数字组合的时候，才会意识到赢彩票的概率到底有多低，但我们不擅数学的大脑，不能真正理解这些"天文数字"。尽管我们对于数字问题不甚敏感，但如果数学家、科学家和经济学家基于此便认为所有买彩票的人都是笨蛋的话，恐怕也是失之偏颇的。这些学者使用的人类决策模型实在是太糟糕了。

笔者自认为对概率的理解还是很不错的，但我个人还是会买彩票。当然了，我只花费每月预算的一小部分，而且是有节制地购买彩票，但确实是掏出了"白花花的银子"。为什么要买呢？这就涉及传统经济学中较难解释的奖励问题。

---

① 因作者为英国人，这里指英国议会（the Parliament of the United Kingdom）。——译者注

由于买彩票投入的钱几乎可以忽略不计（大概相当于咖啡店的每周一杯饮品吧），于是乎，与几乎为零的损失相对的，则是极小概率的极大受益。此外，每过几个月我就会赢一小笔钱，这又为我继续购买彩票增添了动力。大概是3到10镑不等的一小笔"巨款"吧，每当国家彩票[①]发来"请查阅您的账户"的邮件躺在收件箱的时候，也不失为一种小小的甜蜜。

上述决策是理性的，原因之一在于我根本就不会把买了什么彩票当回事，除非收到中奖邮件，也根本不会焦虑地查询开奖结果，甚至都忘了自己买的彩票到底是哪几个数字。就我个人而言，一旦付款了，就当这笔钱已经花出去了，就好像买了一杯咖啡一样。如此一来，每次赢钱都是纯粹的享乐过程，因为它背后是没有"成本"的。讲真，我去星巴克喝杯饮料的"收获"就是第二天消化不良。（并非有意诋毁星巴克，只是笔者既垂涎于咖啡的美味，又肠胃虚弱罢了。）

经济学家搞错了

基于金钱的决策系统，会忽视所有带给人的愉悦感，事实上，除了"真金白银"（现金）之外，其他事物都入不了经济学家的法眼。如果你以这种准则生活，就不会花一分钱给没有明确经济回报的事物。好吧，你会为了果腹而购买食物，但显然你会选择最便宜的食物来摄取必需的营养；你永远不会去电影院、剧院或音乐厅；

[①] 指英国国家彩票（National Lottery, the United Kingdom）。——译者注

你永远不会买礼物或者什么奖品；你永远不会下馆子，因为在家做饭要便宜得多。经济学家眼中的"完美"生活简直是生不如死啊。

你是有意为之吗？

我们已经知道了，人类的决策基于复杂的收益，而且对短期收益往往会更加侧重。但就宏观而言，你可能会认为自己在决策时是有意识的。你会认为，是头脑中的"你"，即自己的有意识思维在进行决策。

当你在思考某事的时候，以下面这两个问题为例：这个想法是在哪里产生的呢？你认为的"你"究竟在何处？

你可能和大多数人一样，认为有意识思维发生于双眼后部，就好像一个小人坐在那里，正在操纵一台大型机器——你的身体。其实你知道：根本就没有什么小人在拉动操作杆。但你的意识似乎是一种独立的存在，可以指挥身体去做某件事情。

最简单的方法就是将你的有意识思维看作头脑中的某物，它可以拉动（想象中的）操作杆来保持身体的运转，并且直面某个问题。现代脑科学研究显示，有相当比例的行为都是由无意识心理控制的，而且这个比例高得吓人。当然，做决策的仍然是"你"，但不是那个有意识的你——那个你认为可以"掌控一切"的你。

试想象，你正坐着，身边有个球。下面，捡起球扔出去。这时候你的大脑中发生了什么呢？最自然的假设便是你的有意识思维在想："好的，我现在要把球扔出去了。"然后，信号通过你的神经系统一路传到胳臂，最后，你才把球抛出去。我不是说你真的一定要有意识地默默地说出："好啦，我现在要投球啦。"我想表达的是，在有意识决策之后，事情才会发生。

大脑在活动时血流量上升，现在我们可以使用fMRI（功能性磁共振成像，functional magnetic resonance imaging）对大脑血流量进行监测，从而得知大脑活动，这时候观察决策发生的时间就成为了可能。一般是在你的双手开始投球的前1秒，你的无意识思维开始活跃。在无意识思维产生之后的1/3秒，你的有意识思维才会作出决策。因此，早在你的脑海中浮现"我要投球啦"之前，大脑就已经知道你要做这个动作，并且开足马力、蓄势待发，随后你才意识到自己要作出决策。

这听上去既奇怪又吓人：在你意识到自己作出决策之前，决策已经产生了。就好像你是没有自由意志的机器人一样，但现实情况要复杂得多。首先，我们是有时间让自己的有意识思维中止行为的。当你发现自己要开始做不想做的事情的时候，可以停下来。另外，更重要的是，没有什么"来自外星的神秘力量"帮助你作出初始决策，做决策的仍然是你，你只是没有意识到而已。

当然，无意识决策确实凸显了大脑活动的复杂性，而且要真正地了解有意识的个人究竟是如何决策的，太难了！（正因此，对于人们做好事或者做坏事，究竟应该如何判定奖励或惩罚的"度"，也是有待商榷的。）

情绪有波动？放松一下吧

人脑和电脑的最大不同，在于大脑会更多地受到周遭环境的影响。你可能觉得电脑偶尔也会情绪低落、闹闹脾气，但实际上，即便是偶尔宕机，电脑在输入相同的数据后，还是会作出相同的决策。而人脑则很可能由于外界影响而改变决策的评价机制。

情绪是非常典型的例子。心情不好的时候简直太容易作出不恰当的决策了，即我们常说的"自己和自己过不去"。那些对自己不利的决策，有时候只是为了激怒或为难他人。2011年开展的两项研究得出的结论令人惊讶，研究发现膀胱的状态会影响决策。

其中一篇研究论文，可以使用"溢出抑制"这一概念（请不要忘了我们讨论的是憋尿）来概括。它讨论的是人们在憋尿状态下，能更好地作出自我控制相关的决策。背后的原因似乎为：如果你能有意识地控制自己的肌肉，那么你也能更好地控制自己的决策，不会草率地作出决定。适用的情形包括迅速认出某个人；也包括某些经济相关的决策，可能短期收益不菲，但长期来看却又潜藏危机。

另一项研究则显示憋尿不总是件好事，也可能会助长不良决策。一边驾车，一边找厕所的人，会感同身受。该研究发现，憋尿时很难集中注意力并将信息保存在短时记忆中。这也就意味着憋尿时更容易出现交通事故。

你的大脑是足够复杂的，可以将相悖而又相互补充的两项研究结论整合。事实上，憋尿的时候很难集中注意力，也很难将信息保存在记忆中。你会倾向于采用不冒进的方法，不做冲动的决策，而是退后一步并仔细思考，以便更好地控制自己。时间充裕的时候，这样做不是什么坏事。但如果你的工作需要快速作出重要决策，例如你是航空公司的飞行员和卡车司机等，就需要定时休息。

大脑的专属止痛药

我们也需要理解大脑在感受疼痛过程中起到的作用。尽管我们一般会将疼痛与受伤部位联系在一起,但痛感本身是在大脑产生的,这也就意味着大脑可以将痛感关闭。在本书前面的章节,我们已经了解到讲脏话(第三章第一节)和服用阿司匹林(第五章第十二节)可以缓解疼痛,但安慰剂所起到的作用同样是令人惊讶的好。安慰剂是"假"药,一般就是含糖片剂,用于测试新药的疗效。如果药物的疗效不优于安慰剂,那么该新药就不值得使用。

当然,长期以来,安慰剂的积极效果是广为人知的。如果你的大脑相信服用的药品会起积极作用,它往往就会奏效。在缓解疼痛方面尤为明显。大脑有着自己的关闭痛感的方式,安慰剂则会推动这一过程。安慰剂在缓解疼痛方面所起的作用是使得大脑相信疼痛会得到缓解,于是大脑会释放类吗啡激素——内啡肽等天然止痛剂,大脑的"预言"也就成为了现实。

"顺势"的误导

似乎许多替代疗法都是这样发挥作用的。以顺势疗法为例,它根本就不是什么真正的药物。人们认为顺势疗法是一种过时的医学理念,让人服用小剂量的毒性物质。而且该疗法的魔幻之处在于,它认为既然甲与乙相似,效果也应该是相同的。因此,当你由于某症状而备感折磨时,通过服用可以导致相同症状的毒性物质,就可以得到缓解。

从医学角度来看是说不通的。而且，在顺势疗法的操作过程中，毒性物质在经过极端稀释之后，原始的活性成分恐怕"一个子儿（分子）都不剩"，遑论制成含糖片剂了。结果，顺势疗法使用的片剂其实和安慰剂如出一辙。产生的效果同样是使大脑相信服用的药物会使症状得到缓解。

顺势疗法的支持者辩称：如果它真的和安慰剂一样，怎么会对动物起作用呢？毕竟动物没办法自欺欺"人"，而且它们也不知道究竟发生了什么。下述三点可以提供解释。第一，不管采取何种手段，一部分接受治疗的动物最终都会痊愈，而主人会认为是治疗起到了作用。第二，另有一些主人会欺骗自己，认为动物的症状得到了缓解（其实你根本无从判断动物的疼痛等级）。第三，最后这批人在积极让动物参与治疗的同时，会额外地照顾和关注它们，而这本身对动物来说就是一种安慰剂。

对于其他替代疗法来说，情形亦是如此。

安慰剂的伦理问题

有趣的是，到底该不该使用这些治疗手段，或该不该明确地使用安慰剂，仍然是有待商榷的。很多科学家会毫不犹豫地表示——它们是不符合伦理要求的。有效地使用安慰剂（无论是否注明"替代医学"或"对传统医学的替代"）需要对病人撒谎，这时候就涉及欺骗与自我欺骗。

该伦理问题的难解之处在于：为了缓解病人的痛苦，向他们撒谎是否可以接受？安慰剂效应非常之强，副作用也比传统药物小得多。但是，难道说效果良好，就可以成为欺骗的借口吗？难道说目的正当，就可以不择手段吗？

你可能会给出下面的答案：只要价格低廉，欺骗就是正当的。毕竟很多药品都价值不菲。鉴于安慰剂（或者顺势疗法的相关药物）只是一种含糖片剂，一瓶药可能也就值几便士。因此，原本严重的欺骗问题，似乎也不那么面目可憎了。

不幸的是，研究结果也显示：价格较高的安慰剂效果比便宜的要好，毕竟人们在服用安慰剂时，是清楚它们的价格的。实验对象服用了两种安慰剂，一种为2.50美元/片，另一种则是0.10美元/片，随后参与电击实验，服用较贵安慰剂的被试认为疼痛得到了更好的缓解。

当然，使用安慰剂和替代药物，如果优势明显且没有缺点的话，还是可以被接受的；但仍有前车之鉴告诉我们，安慰剂导致了痛苦与死亡。使用顺势疗法或其他替代疗法来预防疟疾，或"治疗"癌症、艾滋病（HIV）及其他致命疾病的时候，往往会由于病人产生了虚假的希望而危及生命。如果替代疗法需要回避对传统疗法的使用，后果是不堪设想的，也应该被谴责。

安慰剂背后的机制是通过误导大脑来影响身体，该机制与大脑和身体的其他功能一样，都在不断经历进化，涤故更新。现在，是时候走回到镜子前面了。来吧，把你的身体视作一个整体，回首人体在进化征途上一路走来的点点滴滴。

第九章
魔镜，魔镜

请你再一次望向镜子。尝试忘掉你看到的是"你"，是人。在镜子中，望向你的，是动物。从外表上来说，人类与猿类动物没有太多不同。但大脑及其赋予我们的能力，使人类最终脱颖而出。人是猿类动物的后代（或者认为猿类动物是人类的后代也行，看你怎么想），进化论方兴未艾之时，对于该观点，人们众说纷纭、莫衷一是，而现在看来这实是误解。

制作你的始祖塔

要想真正了解进化究竟是如何塑造了人体，不妨回顾祖先来时的路，一直回溯至地球上与你相关的、最早的生命（形态）。很难想象，简单如细菌的生命，竟然穿越了坎坷的进化之路，成为人的模样。除了含水和DNA的基本细胞结构之外，很难发现人与细菌究竟有何相似之处，但这是你的宝贵遗产。始祖塔会帮助你了解自己究竟是如何从早期的生命形态变成今天的镜子中的模样。

使用一块乐高积木来代表你——确切来说，是一块紫色的乐高。你位于乐高塔的塔尖，下面是另一块紫色的乐高，即你的父亲或母亲（究竟是谁不重要）中的一个人。下一层是你父亲或母亲的"父亲或母亲中的一个人"。下面，试想象整座乐高塔已经搭建完毕，它有数千米高，其中每一块乐高都代表一个生命，一直到你"家族"中最早的生命。

至于地球上最早的生命究竟是如何形成的，那就是另外一个故事了，我们也没有答案。现在，不妨后退几步，（从远处）仔细端详整座乐高塔，着实是设计精妙啊。在搭建的过程中，使用了不同颜色的乐高积木，因此它呈现出彩虹色，从第一代祖先的红色，一直到代表你的紫色，有着完整的彩虹条纹。

彩虹有几种颜色？

观察雨过天晴出现的彩虹，你会发现彩虹的颜色似乎对比鲜明，有红色带、橙色带，等等。但颜色的划分其实是非常武断的。我们现在所讨论的七色彩虹，是艾萨克·牛顿的观点。几乎没有人能真正看到彩虹中的七种颜色，但牛顿说是七，就是七吧，大概是为了和"一个音阶中的七个音符"相统一。你之所以能看到"一条一条"的不同颜色，其实是大脑骗了你，毕竟大脑总是在寻找、识别模式。

事实上，彩虹的颜色是连续的，从红到橙、橙到黄、黄到绿，等等，都是渐变的。如果基于光的波长或光子的能量来划分不同的颜色，那恐怕要有好几十亿种颜色了。始祖塔也是这个道理，它是真正的彩虹色。

...

无所谓"突变"

请你从乐高塔中挑出两块相邻的积木，任意相邻的两块颜色其实都是一样的。你永远找不到两块相邻的积木，其中一块是蓝色，而另一块是绿色。你也永远看不到一种颜色向另一种颜色的（突然）转变。但从整座塔的尺度来看，颜色从红色一直渐变，最后成为紫色。当然，相邻的积木之间有微小的不同，但差异小到人眼根本无法观察到。

与之相似的是，这些积木所代表的生物，每个个体与上一代实际上都属于同一种生物，永远看不到物种之间的（突然）转变。单个个体都与其亲代属于同一物种。尽管你的身体与你的同性亲代是不同的，但这点不同其实只是流于表面。你和你的父母属于同一物种。

回首昨天，人类与史前人类之间是没有"突然断裂"（断层）的。我们也可以继续追寻昨天的昨天，类似恐龙或蜥蜴的生物与哺乳动物之间也是没有所谓的"突然断裂"的。无论如何寻找，子代与亲代均属同一物种。但我们还是经历了从单细胞生物，到植物、鱼类、恐龙、哺乳动物和类人猿的"长征"，想来还真是有些自相矛盾啊。

这也解释了为何源自维多利亚时期的"缺环"（missing link）一词颇具误导性，它更多的是强调世代间的改变。其实"缺环"这一术语在现代是完全过时的。它所传递的观点为：大自然是一条长链，从最简单的生命形态（如：细菌）到最复杂的（人类），除缺环外，万事万物都可以被"安排"到进化链上。但问题在于我们无法得出进化链条上的"合理顺序"，蜂鸟的位置比老鼠高吗，那蚯蚓和沙蚕呢？这是无谓的比较。

连接失败

我们搭建的乐高塔还有另一微妙之处，每一块普通的乐高积木都有着相同的"凹"和"凸"，因此任意积木都可以拼接在一起。然而，在代表进化的乐高塔上，积木的形状、尺寸以及"凹""凸"的数目，都会随着位置的变化而逐渐变化。代表你的积木和代表你父母的积木，它们之间的差异是可以忽略不计的，而且我们应该是可以将一块积木与"几代之前"的另一块积木拼接在一起的。但沿着乐高塔一路向下摸索，最终的那块积木已经无法和代表现代的"你"的积木拼接了。

这就是你的物种边界。有这样一块积木，它无法与代表你的积木拼接，我们姑且把它称为弗雷德（Fred）吧（男女均可），它与你不属于同一物种，是不"兼容"的。从生物学意义上来说，你与弗雷德是存在生殖隔离的。

这很重要。但奇怪的是，我们不能认为弗雷德就是新物种的起点。从弗雷德开始，向上数或向下数几百块积木，都和它属于同一物种；是可以交配（并产生可育后代）的。弗雷德只是与你不属于同一个物种而已。如此看来，"物种"的概念其实是人为定义的，而且，在生物学家对进化取得较深入的理解之前，这一概念就已经诞生了。它像是一种标记，但也只是相对标记而已，并不绝对。

嘈杂的巴别塔

你的始祖塔并不孤单，每个生物都有自己的专属始祖塔，有些塔和我们人类的非常相似。黑猩猩的始祖塔与我们人类的几乎是如出一辙，直到塔顶差异才显现出来。

我们和黑猩猩的共同祖先在塔上的位置，要比你想象中的距离塔尖近得多。你的整座始祖塔可以延续30亿年，但在距今700万年到2000万年之间的某天，我们和黑猩猩分道扬镳了。这也就意味着：在人类和黑猩猩的乐高塔中，只有大约0.3%的积木是不同的。不能由此说明：人类就是黑猩猩或者现存其他猿类动物的后裔。事实上，共同的祖先既不是黑猩猩，也不是人类。

聊聊另外一次分流吧，我们和鼠的共同祖先存在于距今7500万年前，从你的始祖塔上寻找这个时间点，你会发现一种小型哺乳动物，它看上去更接近鼠类动物，而不是猴子，其实它两种都不是。鉴于生命在地球上已经存在了30亿年，7500万年似乎不算长，不足以让一个老鼠模样的生物变成你的样子。但请不要忘了，在这7500万年的时间里，平均的世代时间小于等于5年，也就是说历经1500万代的微小演化，足以累加成为显著的改变。

有些生物的始祖塔未能延续到今天，事实上，很多生物都难逃厄运，恐龙便是其中之一。在生物诞生的早年间，恐龙的始祖塔与我们人类的别无二致，但在距今6500万年前就被"斩断"了。（笔者注：我们和鼠也是用了大概这么长的时间，才从共同祖先分流成如今各自的模样。）还有些始祖塔，可能在距今几十亿年前就被"斩断"了，它们也就不能代表任何一种现存的生物。

当然，还有另外一种可能性：一些生物的始祖塔与我们人类的起点不同。我们并不了解地球上的生命究竟是如何诞生的，既然它诞生过一次，就有可能诞生过两次、三次……就有可能在不同地点都有生命独立地诞生。但是，也可能这个星球上已知的所有生物都源于同一块"积木"。我们目前了解到：生物之间存在很多、很重要的相似之处。目前为止，我们还没有发现哪种生命形态不存在碳骨架结构和DNA（和/或与之相似的化学物质RNA）遗传机制。

"只是个理论"并引以为傲

沿着乐高塔一路向上攀爬的过程，就是进化的过程。你在镜子中看到的自己，也是进化的产物。关于进化，很多都是连篇累牍的废话，有时候人们攻击进化，因为它"只是个理论"。其实，这是对科学本质的根本误解——所有科学都含有"只是某些理论"的部分。

如果我们以牛顿运动定律——这一基本的科学知识为例，它包含的规律是非常简单的，如下文：

1. 物体将保持匀速运动（包括静止状态），除非对其施加外力。

2. 对物体施加外力的大小等于物体的质量与加速度的乘积，且加速度与外力方向相同。

3. 每个力都有等大、反向的反作用力。

难道这些规律就并非"只是个理论"了吗?好吧,它们确实只是理论。科学就是一名科学家或者一个科研团队提出一个假说,这个假说可能和上文的定律非常相似。随后可以通过实验进行检验:"我们提出的假说是否真实发生呢?如果是真实发生的,那么假说就得到了强化。"我们掌握的证据越多,就越可能发现它是个有用的理论。一旦完成了从假说到理论的华丽转身,它就能经得住考验,并且有用武之地了。但是,这个理论仍有可能在未来的某一天被证伪。

牛顿也犯错

牛顿的第二定律也不是什么金科玉律。爱因斯坦的狭义相对论显示,正在运动的某物体,力与加速度之间的关系要比牛顿想的复杂得多。而狭义相对论迄今为止从未让我们失望过;它是比牛顿定律更准确的理论。尽管牛顿第二定律略逊一筹,但其实在大多数情况下,它带来的偏差都可以忽略不计,我们仍然可以开开心心地使用它。

任何理论都是可被证伪的,我们只是缺少新证据而已。包括那些带着"定律"标签的理论,只是"定律"二字着实容易引发误解。没有什么科学理论可以被完全证实,这是由于任何一个新的证据都有可能说明我们的假设是错误的。但这也不能说明科学就是魔法,就是天马行空的想象。科学基于现有的信息、以最好的方式为我们呈现这个世界——只是科学处在不断发展的进程中罢了。

进化论和牛顿定律是一个道理。可能终有一天它会被证伪，我们现在对于进化的了解与达尔文当年相比，根本不可同日而语。当然，基于目前已有的证据，进化论是最好的理论。从某种程度上来说，我们对于进化论的观点可能不会感到意外，因为它实在是个简单、浅显的理论。说实话，直到达尔文生活的年代才出现这样一个理论，时间之晚，真是令人惊讶。

意义重大的进化

进化的基本规则非常简单，你从父母那里继承了多种不同的性状，而你父母又从他们的父母那里继承性状，以此类推，一直回推到乐高塔的底端。在达尔文的时代，人们并不知道这究竟是如何发生的，我们现在已经了解其背后的遗传学（和表观遗传学）原理。有些性状可以帮助某一特定物种在当前的环境中存活，而具备另一些性状的物种则只能挣扎求生。具备某些性状的个体，如果能够存活下来并且存活的时间足够长，就更有可能通过生殖而留下后代。如此一来，这些性状就能传递给下一代。

很长很长一段时间以来，这些微小的改变都来源于不同个体之间DNA的"混合"，即生殖；同时也来源于DNA的随机改变，即（基因）突变。微小的改变最终会造成物种的改变。这就是进化——生物相对于亲代所发生的随机改变，加之外部环境的生存压力。

很多人都对这个结果不满意，他们认为生物由某种外部的力量所"设计"，最终的结果只能是某一物种的渐进性发展。当然，它不会导致某种鱼形生物突然进化成人类。遇到这类问题的人，不妨再玩一下始祖塔中的乐高积木，我们刚才已经提到，物种与物种之间是没有"突跃"的，任意一代的某种生物都与它的亲代属于同一物种。这就是生物学中的神奇悖论，"物种"这一标签也因此显得武断，毕竟物种之间是没有所谓"突跃"的。

眼睛的半成品，有用吗？

另一个问题来了，人们对进化可能会不满了。请不要忘了，（生物性状）改变的发生非常缓慢，那么某个处于进程之中的改变，到底能带来什么好处呢？这个问题在一段时间内难住了达尔文。请看向镜中的自己，你的身体包含很多复杂的结构。例如，像眼睛这样的复杂结构究竟是如何形成的？没有视觉的原始生物是如何一步步走到今天，拥有完全成形的眼睛的？

现在想要回答这个问题已经没有那么难了。可能的答案是：眼睛在过渡阶段有另一种不同的优势。目前我们了解到的是，拥有眼睛的"半成品"可能在潜在的交配对象眼中更有吸引力。毕竟眼睛还是有着直接优势的，现有的一些生物，它们身上的"半成眼"就恰好是介于"完全没有眼睛"和"拥有复杂眼睛"之间的过渡状态。有些生物在皮肤上有光敏斑块；有些生物的眼睛像针孔相机——没有"透镜"，只有眼腔与视网膜；有些是原始的光学元件；另一些则是不同的变体，例如昆虫的复眼，等等。

另一个例子则关于未进化完全的翅膀，如果不能飞行似乎就是毫无用处。但我们又错了，实际情况要微妙复杂得多。比如说有一对小翅膀是飞不起来的，但遭遇捕食者追捕时，拥有这样一双翅膀就可以跑得更快。此外，它还可能有别的用处，例如降温。未成形的性状所展现出的功能，在进化完成后可能就被遗弃了。

有些人之所以不喜欢关于复杂结构进化的观点，部分原因在于他们不能理解：进化是不能"被指导"的。包括神创论者在内的一些人根本无法接受上述观点。如果他们的问题是："为什么你的翅膀没有完全成形？"这时候就隐含假定了进化本身存在目的，也就是说进化就是为了有一双（能飞的）翅膀。但进化并非如此行事——它是真正随机的，一路上只选择有用的东西（或者至少选择的东西不会起阻碍作用）。如果进化没有所谓"指导原则"的话，人们也就不会关心那些形成过程中的性状了。

科学永远可证伪

神创论和智能设计论的观点是用来反对进化论的大旗。它们的目的是解释究竟为何"人行天地间"——我们的身体为何是今天的样子；也用于解释大自然的"无边光景"。但神创论和智能设计论不是科学。请记住，科学是使用证据来检验理论的。但是，那些相信外部神秘力量主宰万物的人会认为：就算没有可被检验的证据来说明造物主的存在，那也是由于没有信仰的人感受不到造物主的力量。

大多数科学家会告诉你，如果一个理论称之为"科学"，它是"可证伪的"。这也就意味着：必须存在一个机制来证明某理论是不正确的。最早的一个科学理论认为，所有有重量的物体都会向宇宙的中心聚集，宇宙的中心就是地球的球心。尽管这个理论是错的，但它是科学。通过观测太阳系和我们周围的宇宙空间，获得的数据越来越多，人类也就发现了地球并非宇宙中万事万物的中心。这个理论于是被证伪了。与之相似的是，进化论、量子理论、相对论，只要有合适的观测（数据），都是可证伪的。

但我想表达的是，科学家们在放弃旧理论的时候，并非人人都能举重若轻。很多人抱残守缺多年，直到压倒性的证据彻底摧毁了原先的科学殿堂，他们才被迫承认自己的错误。但是相信拥有超自然力量设计师的存在，又是另外一回事了——不可证伪。你可以否定它的必要性，但你无法否定它的真实性。在这里笔者想要强调的是，不能被证伪，也不能说明它就是错的，但它因此被科学排除在外。智能设计论和神创论不是科学，也不应该成为科学教育的一部分。

很多科学理论也苦于上述问题。数百名科学家呕心沥血地研究弦理论，弦理论是解释宇宙中所有粒子结构的理论。但目前为止，还没有人能够检验弦理论（或与其相关的衍生理论），并证明它是错误的。因此有些人认为，弦理论也不是科学。它属于数学的范畴，有可能与真实世界存在连接，也有可能不存在，但我们既没有能力检验它，也无法证伪。因此，弦理论一直是科学研究领域的"二等公民"。

永葆好奇

水穷沧海畔，路尽小山南。我们在进化的崎岖长路上踏破铁鞋，苦思冥想悖论问题的答案，惊异于物种之间微如涓埃、世代相传的演化历程。今天，以人体作为实验室的科学之旅，终于还是走到了尽头。

希望你下次望向镜子的时候，不要只顾着苛责自己的身材，请多花哪怕1秒的时间，欣赏镜中精巧绝伦的人体，赞叹造化之神奇，惊异于科学之神秘而又伟大的魔力。无论身在何处，都不要失去对科学永葆好奇的赤子之心。

让我们一起，透过人体，遥望万千寰宇吧。